四川省省级科普经费资助

农业科普系列

四川省科学技术协会
四川省农村专业技术协会　组织编写

# 科学养殖

## 肉 牛

KEXUE YANGZHI
ROUNIU

主编／付茂忠

四川科学技术出版社
·成都·

图书在版编目（CIP）数据

科学养殖肉牛/付茂忠主编. —成都：四川科学技术
出版社,2018.11（2024.8重印）

（农业科普系列丛书）

ISBN 978 - 7 - 5364 - 9238 - 7

Ⅰ. ①科…　Ⅱ. ①付…　Ⅲ. ①肉牛 - 饲养管理
Ⅳ. ①S823.9

中国版本图书馆 CIP 数据核字（2018）第 242392 号

农业科普系列丛书

# 科学养殖肉牛

主　　编　付茂忠

出 品 人　程佳月
责任编辑　刘涌泉　夏菲菲
营销编辑　刘　成
封面设计　墨创文化
责任出版　欧晓春
出版发行　四川科学技术出版社
　　　　　成都市锦江区三色路 238 号　邮政编码 610023
　　　　　官方微博:http://e. weibo. com/sckjcbs
　　　　　官方微信公众号:sckjcbs
　　　　　传真:028 - 86361756
成品尺寸　146mm × 210mm
　　　　　印张 9　字数 200 千
印　　刷　成都一千印务有限公司
版　　次　2018 年 11 月第 1 版
印　　次　2024 年 8 月第 2 次印刷
定　　价　29.00 元
ISBN 978 - 7 - 5364 - 9238 - 7
邮　　购:成都市锦江区三色路 238 号新华之星 A 座 25 层　邮政编码:610023
电　　话:028 - 86361758

# 本书编写人员名单

主　编　付茂忠

副主编　易　军　王　巍　廖党金

参　编　（按姓氏笔画排序）

　　　　王　淮　王　巍　方东辉　甘　佳　石　溢

　　　　叶勇刚　付茂忠　易　军　季　杨　胡远彬

　　　　唐　慧　梁小玉　谢　晶　廖党金　潘　梦

编　审　王　淮

# 序

　　加快农村科学技术的普及推广是提高农民科学素养、推进社会主义新农村建设的一项重要任务。近年来，四川省农村科普工作虽然取得了一定的成效，但农村劳动力所具有的现代农业生产技能与生产实际的要求还不相适应。因此，培养有文化、懂技术、会经营的新型农民仍然是实现农业现代化，建设文明富裕新农村的一项重要的基础性工作。

　　为了深入贯彻落实《全民科学素质行动计划纲要（2006—2010—2020年）》，切实配合农民科学素质提升行动，大力提高全省广大农民的科技文化素质，四川省科学技术协会和四川省农村专业技术协会组

织编写了这套《农业科普系列丛书》。

该系列丛书密切结合四川实际，紧紧围绕农村主导产业和特色产业选材，包含现代农村种植业、养殖业等方面的内容。选编内容通俗易懂，可供农业技术推广机构、各类农村实用技术培训机构、各级农村专业技术协会及广大农村从业人员阅读使用。

该系列丛书的编写得到了四川省老科学技术工作者协会的大力支持，在此表示诚挚的谢意！由于时间有限，书中难免有错漏之处，欢迎广大读者在使用中批评指正。

"农业科普系列丛书"编委会

# 前　言

　　我国是世界养牛大国，养牛数量仅次于印度、巴西等国家，但是饲养的品种绝大多数都是选育或培育程度不高的地方牛种，生产水平低。我国肉牛出栏率不足40%，肉牛胴体重大约140kg，为世界平均水平的70%；存栏牛平均产肉量约为45kg，而发达国家平均每头存栏牛产肉量为120kg。肉牛的头平产肉量，2~3头牛才相当于发达国家1头牛的生产水平。所以，我国肉牛业与发达国家比较还有很大差距。

　　发达的养牛业是现代畜牧业的重要标志，当牛的饲养量达到整个畜牧业家畜饲养单位的70%~80%时，就能实现粮、牧、草、水、土的良性循环。大力发展养牛业，可有效利用当地的饲料资源和工农业副产物，促进节粮型畜牧业持续健康发展，保障畜产品有效供给，丰富居民膳食结构。

　　我国肉牛产业起步较晚，在改革开放（1978年）以前，我国农区几乎没有肉牛这个概念，只有耕牛。所以，我国肉牛产业发展存在以下几个关键问题：首先是肉牛的良种化程度低；其次是肉牛饲养营养水平低，在饲养上依然普遍存在有什么喂什么的现象；第三是种、养、加、销各个环节结合不紧密，相互脱节；第四是管理相对粗放；第五是母牛养殖比较效益低。

针对我国当前肉牛产业发展存在的问题，本书作者从肉牛的产业现状、生物学特性、品种资源、选种选配、繁殖技术、日粮供给、牧草栽培及加工、饲养管理、疫病防控和牛场建设与环境控制十个方面详细论述了肉牛生产的科学理论与关键技术。对推动节粮型畜牧业和农业循环经济发展，促进畜牧业内部结构优化调整，提升养牛生产技术水平，满足市场对优质动物食品的多元化需求，推动农业供给侧结构性改革，振兴农村经济，多渠道增加农民收入，实施乡村振兴战略，实现资源节约型、环境友好型新农村建设目标等都具有重要的现实和长远意义。

作者在编写过程中注重科学性、资料性和实用性，使本书成为一部既具前瞻性，又具有知识性、实用性的专业技术类书籍。本书是肉牛养殖户不可或缺的参考书籍。

王淮

2018 年 2 月

# 目　录

# 第一章　我国肉牛产业现状

## 第一节　我国肉牛生产现状

发达的养牛业是现代畜牧业的重要标志，当牛的饲养量达到整个畜牧业家畜饲养单位的 70% ~ 80% 时，就能实现粮、牧、草、水、土的良性循环。大力发展养牛业，可有效利用当地的饲料资源和工农业副产物，促进节粮型畜牧业持续健康发展，保障畜产品有效供给，丰富居民膳食结构。

我国是世界养牛大国，养牛数量仅次于印度、巴西等国家，但是饲养的品种绝大多数都是选育或培育程度不高的地方牛种，生产水平低。我国肉牛出栏率不足 40%，肉牛胴体重大约 140kg，为世界平均水平的 70%；存栏牛平均产肉量约为 45kg，而发达国家平均每头存栏牛产肉量为 120kg。肉牛的头平产肉量，2 ~ 3 头牛才相当于发达国家 1 头牛的生产水平。

从畜牧业内部结构看，各畜种之间发展也不平衡。全世界牛的养殖量占畜禽养殖总量的比重平均为 73.42%（见表 1 - 1），欧洲、北美/中美、亚洲、非洲、大洋洲各大洲牛的养殖比重都在 66.06% ~ 75.03%。与中国国情基本相似的印度，其牛的养殖量占畜禽养殖总量比重高达 92.79%，而我国牛的养殖量只占畜禽养殖总量的 43.02%。

这与我国丰富的牛种资源极不相称。从世界肉类生产结构来看，牛肉产量占肉类总产量的比重长期保持在30%左右，而我国仅占10%。在畜牧业产值中，全国畜牧业产值占农业总产值比重不到40%，养牛产值（牛奶和牛肉）预计不足10%，而发达国家畜牧业产值占农业总产值的比重一般在60%以上，奶牛业和肉牛业产值占畜牧业产值比重普遍在50%左右。可见，我国养牛产业还很滞后，猪禽养殖仍居主导地位。

表1-1　各畜禽养殖量占总养殖量的比重

| 国家/地区 | 猪（%） | 所有牛（%） | 山/绵羊（%） | 家禽（%） | 马/骡/驴/骆驼（%） |
|---|---|---|---|---|---|
| 全世界 | 9.11 | 73.42 | 5.69 | 5.7 | 6.08 |
| 非洲 | 1.39 | 75.03 | 9.96 | 2.94 | 10.67 |
| 北美/中美 | 8.78 | 71.71 | 0.94 | 8.9 | 9.66 |
| 亚洲 | 12.42 | 69.68 | 6.51 | 6.88 | 4.51 |
| 欧洲 | 18.74 | 66.06 | 5.01 | 6.48 | 3.72 |
| 大洋洲 | 2.38 | 76.5 | 18.77 | 1.63 | 0.72 |
| 印度 | 1.06 | 92.79 | 3.51 | 1.84 | 0.79 |
| 中国 | 32.03 | 43.02 | 7.2 | 10.57 | 7.18 |

注：表中百分比是根据世界粮农组织畜禽养殖统计量，按照我国《畜禽养殖业污染物排放标准》（GB18596-2001）的规定，将牛、羊、家禽等的养殖量折成猪的养殖量计算而得。

目前，我国牛肉仍然是相对短缺的动物食品。尽管我国是世界上第三大牛肉生产国，但牛肉人均产量也仅为5kg，为世界平均水平的50%，远低于发达国家和一些牛肉主产国家的人均产量。我国丰富的品种资源和饲养数量与养牛业在畜牧业中的地位不匹配。

我国牛肉产量2014年达689.2万t，在世界肉牛生产中的地位仅次于美国和巴西，居世界第三位；但是世界平均出栏牛平均胴体重为209kg，肉牛生产发达国家可达到

300kg 以上，而我国当前肉牛平均胴体重只有 140kg 左右，为世界平均水平的 2/3，不足发达国家的 1/2。

牛肉产量占肉类总产量的比重，世界平均为 22.3%，畜牧发达国家达到 30.0% 以上，而我国仅为 8% 左右，这说明我国养牛业与发达国家差距大，但近期以来我国这一比重在不断提高。

最近 20 年以来，我国肉牛出栏量持续增长，1995 年我国肉牛出栏率在 20.0% 左右，到 2014 年即达 46.0%，大大超过 25% 的世界平均安全出栏水平；而肉牛存栏量却呈不断下降的趋势，下降幅度达 30% 以上。由此引起能繁母牛数量的持续下降，价格快速上升。据监测，2009 年 1 月，某监测点能繁母牛存栏量为 7.4 万头，2012 年 12 月降至 6.4 万头，下降了 13.7%，2013 年底进一步下降到 6.2 万头，不到 5 年时间该监测点能繁母牛下降 16.2%。从市场情况看，2011 年能繁母牛市场价平均为 5 800 元/头，2012 年 12 月份已达 7 800 元/头，增长了 34.5%，目前更是达到 9 000 元以上。

从肉牛产业的角度看，我国肉牛生产从无到有，自 2000 年以来牛肉增长了近 30%；近 10 年来，中国肉牛业成为新兴的朝阳产业。2011 年全国牛存栏 10 360.46 万头，出栏 4 670.68 万头，出栏率 45.0%；肉类总产量 7 957.84 万 t，其中牛肉产量 647.49 万 t，占肉类总产量的 8.1%。

从肉牛市场的角度看，肉牛市场行情稳定增长，有利于农牧民增收。自 2000 年以来，中国的肉牛价格增长了 3 倍，远高于同期的 CPI 增幅。现在牛肉价格已达到 60 元/kg 以上，即约为 10 美元/kg。

由于能繁母牛数量的下降和牛肉市场价格的上涨，带

来了架子牛价格的不断上涨。架子牛价格在 2010 年和 2011 年相对稳定，但从 2012 年开始快速增长，目前价格已达 30.0 元/kg 以上，育肥牛活重也在 25 元/kg 以上。

肉牛养殖成本增长较快，在 2011 年和 2012 年肉牛养殖成本环比分别增加了 7% 和 15%；从犊牛出生饲养到 18 月龄，体重达到 450kg 左右，当前养殖成本已达到 9 000 元左右，增加了 20% 以上。据资料报道，目前我国牛肉单位生产成本约为 38 元/kg，高于国际平均水平一倍以上，严重影响了我国草食畜产品的竞争力。

尽管受到以上诸多因素的影响，我国肉牛产业生产效益还是比较乐观。据调查，从断奶犊牛育肥到 18 月龄，出栏体重达到 450 ~ 500kg，当前养殖利润平均在 2 000 元左右。

在进出口方面，当前我国牛肉进口快速增加、出口逐渐萎缩。据统计，2016 年我国进口牛肉（包括冷鲜牛肉和冻牛肉）57.98 万 t，出口总量只有 0.4 万 t，主要来自澳大利亚、乌拉圭、新西兰和加拿大等国。进口种牛主要来自澳大利亚、乌拉圭、新西兰。进口冻精主要来自美国、加拿大、法国、德国、瑞典等国家。

当前，制约我国肉牛产业发展的关键问题主要在以下几个方面，首要是肉牛的良种化程度低，由于我国肉牛产业起步较晚，在改革开放以前我国农区几乎没有肉牛这个概念，只有耕牛。自 1978 年改革开放以来，国家先后从欧洲、苏联、澳大利亚等国引进了包括夏洛来、利木赞、安格斯、海福特、西门塔尔和皮埃蒙特等一批肉用或肉乳兼用型牛品种对我国黄牛进行杂交改良，并在此基础上，通过杂交创新，先后培育出了夏南牛、延黄牛、辽育白牛、云岭牛、中国西门塔尔牛和蜀宣花牛等肉用或肉乳兼用的新品种牛，为我国肉牛业的发展奠定了一定的种源基础；但是，由于我国地域广阔，自然环境和气候条件差异大，牛源分布南北不平衡，培育牛数量有限，特别是我国南方，优良品种占牛群总数的比重低。当前用作育肥的牛源仍以改良代次低或地方黄牛为主，其生长速度慢，饲养周期长，出栏体重普遍偏小，出栏率低，这也直接导致出栏肉牛年龄、体重整齐度差。其次是我国肉牛饲养管理水平低，加之营养不足，在饲养上普遍存在有什么喂什么的现象。特别是我国南方，由于受夏季高温高湿、冬季低温高湿气候特点的制约，青饲料储存困难，在夏秋季水热条件好，饲草丰茂，同时也是雨水较为集中的季节，不利于饲草的收储，唯一收储方式就是青贮，缺乏优质青干草的补充，且大多数养殖企业几乎没有粗饲料的常年供应计划。第三是种、养、加、销相互脱节。在当今我国养殖业向规模化、标准化、设施化方向发展过程中，动物排泄的粪尿污物相对集中，若处理不当，将给周围环境造成一定压力，同时我国大面积的农作物、水果、蔬菜、饲草需要大量的有机肥，这就需要在一定范围内有一个总体规划，做到种植和养殖有机结合，相得益彰。我国当前也有一定数量的肉牛屠宰及加工企业，但绝大多数与养殖结合不紧密，利益分配不均，不能形成有效的互利共赢产业链条。第四是在饲养管理方面，当前我国肉牛的饲养管理相对粗放，由于长期缺乏优质粗饲料的供应，肉牛养殖企业的粗饲料几乎都是以酒糟、青贮为主，加少量的青草或稻草补充；在管理方面，由于我国南方多为高山、丘陵，土地相对缺乏，养殖用地紧张，在牛舍建筑设计中，每头牛占地面积相对较

小，几乎没有活动空间，肉牛多采用颈枷式或拴系式饲养，卫生条件差。第五是母牛养殖比较效益低。在有放牧条件的地区，农民饲养一头母牛，按三年两胎或四年三胎计算，每年可收入 3 000～5 000 元；但是在当前规模化饲养条件下，养殖企业饲养一头母牛，除去饲草料和人工费，几乎无利可图。

经过 30 多年的发展，中国肉牛产业已形成明显的区域特征，大体上分为西部 8 省区（内蒙古、四川、云南、西藏、甘肃、青海、宁夏和新疆）、冀鲁豫三省和东北三省三个肉牛优势产区。

我国牛肉需求量中长期预测表明：2020 年我国牛肉产量为 784 万 t，2024 年将达到 828 万 t 左右；2020 年牛肉消费量为 823 万 t，2024 年将达到 877 万 t，由此看出，到 2024 年中国牛肉供需缺口在 50 万 t 左右。按 2011 年我国牛肉产量为 648 万 t 计算，2024 年中国市场上牛肉缺口将达到 229 万 t，在现在牛肉产量的基础上需增加 35.3%。按我国当前肉牛生产水平，需要新增出栏 1 500 多万头牛弥补这个缺口。因此，未来 10 年我国牛肉供给偏紧的状况将依然存在，在一定时期内，我国的牛肉进口将呈继续增长趋势。

## 第二节　我国肉牛生产发展方向

### 一、我国肉牛生产发展的指导思想和基本原则

我国肉牛生产发展的指导思想是全面贯彻落实党中央、国务院加快农业"转方式、调结构"的决策部署，以转变发展方式为主线，以提高产业效益和素质为核心，坚持种

养结合，优化区域布局，加大政策扶持，强化科技人才支撑，推动草食畜牧业可持续集约发展，不断提高草食畜牧业综合生产能力和市场竞争能力，切实保障畜产品市场有效供给。

基本原则是遵循产业发展规律，结合农区、牧区和半农半牧区的特点，统筹考虑资源、环境、消费等因素，科学确定主导品种、空间布局和养殖规模，大力发展适度规模标准化养殖，探索各具特色的草食畜牧业可持续发展模式。

实施国家粮食安全战略，在抓好粮食安全保障能力建设的基础上，合理调整种植结构，优化土地资源配置，发展青贮饲料作物和优质牧草，培肥地力，增草增畜，促进种养业协调发展。

坚持市场主导，政策助力。发挥市场在资源配置中的决定性作用，激发各类市场主体发展活力。加大良种繁育体系建设、适度规模标准化养殖、基础母牛扩群、农牧结合模式创新等关键环节的政策扶持，更好发挥政府引导作用。

坚持机制创新，示范引领。完善草食畜牧业各环节利益联结机制，建立合作互助、风险共担、利益共赢的长效发展机制。加大对养殖大县和优势产业集聚区、加工企业的支持力度，形成龙头企业带动、养殖基地支撑、全产业链发展的良性机制，更好发挥产业集聚效应。

坚持国内为主，进口补充。落实地方政府保障草食畜产品供应的责任，牛肉应立足国内，确保牧区基本自给和全国市场有效供给，适当进口，满足市场多元化需求。

**二、发展目标**

主要目标是，进一步增强我国草食畜牧业综合生产能力，牛肉总产量不断增长；加快生产方式转变，多种形式的新型经营主体加快发展，肉牛年出栏 50 头以上规模养殖比重不断提高；建立饲草料供应体系和抗灾保畜体系，不断提高秸秆饲用比例，青贮玉米收获面积达到 3 500 万亩（1 亩≈666.7m²）以上，保留种草面积达到 3.5 亿亩，其中苜蓿等优质牧草面积达到 60% 以上。

**三、发展方向**

大力发展标准化规模养殖。扩大肉牛标准化规模养殖项目实施范围，支持适度规模养殖场改造升级，逐步推进标准化规模养殖。加大对中小规模奶牛标准化规模养殖场改造升级，促进小区向牧场转变。扩大基础母牛扩群增量项目实施范围，发展农户适度规模母牛养殖，支持龙头企业提高母牛养殖比重，积极推进奶公犊育肥，逐步突破母畜养殖的瓶颈制约，稳固肉牛产业基础。鼓励和支持企业收购、自建养殖场，养殖企业自建加工生产线，增强市场竞争能力和抗风险能力。继续深入开展标准化示范创建活动，完善技术标准和规范，推广具有一定经济效益的养殖模式，提高标准化养殖整体水平。研发肉牛舍饲养殖先进实用技术和工艺，加强配套集成，形成区域主导技术模式，推动肉牛由散养向适度规模养殖转变。

加快种业建设。深入实施全国肉牛遗传改良计划，优化肉牛种畜布局，以核心育种场为载体，支持开展品种登记、生产性能测定、遗传评估等基础工作，加快优良品种培育进程，提升自主供种能力。健全良种繁育体系，加大肉牛良种工程项目支持力度,加强种公牛站、种畜场、生产性能测定中心建设,提高良种供应能力。继续实施肉牛良种补贴项目,推动育种场母牛补贴,有计划地组织开展杂交改良,提高商品牛肉用性能。

加快优良牧草品种扩繁推一体化进程。加强野生牧草种质资源的收集保存,筛选培育一批优良牧草新品种。组织开展牧草品种区域试验,对新品种的适应性、稳定性、抗逆性等进行评定,完善牧草新品种评价测试体系。加强牧草种子繁育基地建设,扶持一批育种能力强、生产加工技术先进、技术服务到位的草种企业,着力建设一批专业化、标准化、集约化的优势牧草种子繁育推广基地,不断提升牧草良种覆盖率和自育草种市场占有率。加强草种质量安全监管,规范草种市场秩序,保障草种质量安全。

着力培育新型经营主体。支持专业大户、家庭牧场等建立农牧结合的养殖模式,合理确定养殖规模和数量,提高养殖水平和效益,促进农牧循环发展。鼓励养殖户成立专业合作组织,采取多种形式入股,形成利益共同体,提高组织化程度和市场议价能力。推动一、二、三产业深度融合发展。引导产业化龙头企业发展,整合优势资源,创新发展模式,发挥带动作用,推进精深加工,提高产品附加值。完善企业与养殖户的利益联结机制,通过订单生产、合同养殖、品牌运营、统一销售等方式延伸产业链条,实现生产与市场的有效对接,推进全产业链发展。鼓励电商等新型业态与肉牛产品实体流通相结合,构建新型经营体系。

提高肉牛业物质装备水平。加大对饲草料加工、畜牧饲养、废弃物处理、畜产品采集初加工等草畜产业农机具的补贴力度。研发推广适合专业大户和家庭牧场使用的标准化设施养殖工程技术与配套装备，降低劳动强度，提高养殖效益。积极开展畜牧业机械化技术培训，支持开展相关农机社会化服务。重点推广天然草原改良复壮机械化、人工草场生态种植及精密播种机械化、高质饲料收获干燥及设备机械化等技术，提高饲草料质量和利用效率。在大型标准化规模养殖企业推广智能化环境调控、精准化饲喂、资源化粪污利用、无害化病死动物处理等技术，提高劳动生产效率。

促进粪污资源化利用。综合考虑土地、水等环境承载能力，指导养殖企业科学规划草食畜禽养殖结构和布局，大力发展生态养殖，推动建设资源节约、环境友好的新型草食畜牧业。贯彻落实《畜禽规模养殖污染防治条例》，加强草食畜禽养殖废弃物资源化利用的技术指导和服务，因地制宜，指导推广投资少、处理效果好、运行费用低的粪污处理与利用模式。实施农村沼气工程项目，支持大型畜禽养殖企业建设沼气工程和规模化生物天然气工程。继续实施家畜粪污等农业农村废弃物综合利用项目，支持草食畜禽规模养殖场粪污处理利用设施建设。积极开展有机肥使用试验示范和宣传培训，大力推广有机肥还田利用。

# 第二章　肉牛的生物学特性

## 第一节　肉牛的生活习性

### 一、摄食行为

#### （一）采食特点

牛是草食性家畜，上颚无门齿且齿垫不发达，啃食能力较差，喜欢采食植物性饲料，尤其是青绿饲料和块根饲料，其次是优质青干草，再次是低水分青贮料，最不爱吃未经加工处理的秸秆类饲料。因此，调制牛料宜适度加水，保持松散，以利于肉牛采食。

#### （二）采食方法

牛采食时依靠灵活有力的舌卷食饲草，借助下颚门齿和上颚齿垫把草夹住，然后把头向前推搬，利用下门齿把草切断。由于牛采食行为较粗糙，容易将异物吞入胃中造成瘤胃疾病，饲料应适当加工，如粗料切短，块根、块茎类切碎，并注意清除饲料中的异物。当采食块状豆饼、颗粒饲料、青贮和切短的饲草时，牛也是借助舌和唇的运动，将料摄入口中。

#### （三）反刍行为

牛的反刍行为是在饲料摄取后，经短时间休息后开始的，体位表现为站立或躺卧等姿势，由逆吐、重咀嚼、混合唾液、吞咽四个过程构成，通过反刍，粗饲料可两次或两次以上被咀嚼，可提高粗料的消化率。

## 二、恋群性

牛是群居家畜，喜欢小群活动，一般 3~5 头牛成群活动，当有其他牛来到时，会引起争斗。新引进的牛要先进行大群饲养，待个体间相互熟悉后，再进行分群饲养，可减少争斗，防止产生不必要的损失。

## 三、运动

牛喜欢自由活动，在运动时表现嬉耍性的行为特征，犊牛特别活跃，圈舍应配备运动场并保证牛足够的运动时间。

## 四、休息与睡眠

### （一）休息的姿势与动作

牛在采食、移动及游戏和敌对行为上所占的时间大约需要半天，而休息和睡眠包含反刍的时间为12h左右，休息行为包括站立式休息和躺卧休息。

牛主要的休息姿势是俯卧，表现为四肢蜷曲，胸、腹部与地表面相接的趴卧状态，这种姿势便于瘤胃的嗳气从抬起的头颈排出。四肢完全外展的平躺姿势，只有瘤胃未发育的犊牛或过度肥育的肉牛或病牛才表现。

### （二）休息场所

牛喜欢在干燥、柔软、平坦的地面躺卧，冬季一般选择背风向阳的地方休息。在没有牛床的牛舍内，牛多会选择沿墙壁俯卧休息；在有倾斜牛床的牛舍内，牛会选择和等高线平行的地方俯卧。对育成牛在设有各种倾斜的牛床的利用状况的研究中，牛最初选择平坦牛床作为俯卧休息的场所，但随着粪尿污染，牛会选择倾斜的牛床俯卧休息。

（三）睡眠行为

牛的睡眠时间极其短促，大约4min，分6~10个睡眠周期进行。牛在一天的睡眠中多以打盹的方式出现，一天需要7~8h，而真正意义上的睡眠所占的时间很短。牛在反刍时很容易进入打盹状态。牛趴卧睡眠时，常闭着眼睛，头转向背部且下颚枕在前肢或肩部的姿势。

**五、排泄行为**

一般情况下，牛每天排尿5~13次，排粪12~18次，排尿量为10~15L，排粪次数和排粪量因品种、日粮的性质和数量、环境温度以及生理阶段等而变化。吃青草的牛比吃干料的牛排粪次数多；炎热季节排粪次数相对减少。

牛俯卧时很少排粪尿，多在由俯卧姿势到站立开始移动时或者从站立姿势到行走、移动后开始排粪。牛一般不选择排粪地点，在舍饲情况下，多在饲槽前和草架前等长时间停留的地方排粪。成年牛对粪毫不注意，有时会行走或趴卧在粪上。在夜间或坏天气里，牛倾向于聚集在一起趴卧，在圈舍内形成较为集中的粪区。

犊牛排泄时比较小心，尽量使粪尿远离牛只身体。健康犊牛要求保持身体清洁，不染粪便。如果尾根或肛门沾有粪便，多是下痢或其他疾病的征象。

# 第二节　肉牛的消化特点

**一、特殊的消化器官**

（一）口腔

肉牛的上颌无门齿，有坚硬的齿板，饲草进入口腔内，下门齿和齿板将其切断，口腔中有发达的唾液腺，唾液对肉牛的消化和内源氮的利用具有重要作用。

（二）胃

肉牛是复胃动物，有瘤胃、网胃、瓣胃和真胃四个胃，前三个胃合称为前胃，前胃没有消化腺，以物理消化和微生物消化为主，真胃有消化腺，能分泌消化液。

（三）发达的小肠

成年肉牛小肠特别发达，长达 24～40m，为体长的 27 倍。

## 二、瘤胃消化代谢

食物进入瘤胃后，70%～80% 的可消化干物质和 50% 粗纤维在瘤胃内消化。肉牛具有利用非蛋白氮的特性，在微生物作用下，瘤胃内的碳水化合物、含氮物被分解成挥发性脂肪酸、氨基酸、多肽、氨、二氧化碳、甲烷和水。

## 三、特殊的消化生理

（一）反刍

肉牛匆忙吞入的食物，在休息时，食团刺激瘤胃前庭和食道沟的感受器，使瘤胃产生蠕动，食团反送到口腔，混入唾液，反复咀嚼后再吞入瘤胃之过程称为反刍，反刍是对饲草的再消化。

一般情况下，犊牛在 2 月龄后出现反刍现象，每日反刍次数为 9～18 次，每次 15～50min，每日用于反刍的时间为 5～9h。

（二）嗳气

瘤胃中由于微生物的发酵作用，产生大量的挥发性脂肪酸和二氧化碳、氨、甲烷气体，由食道进入口腔，排出体外，这一过程称为嗳气。肉牛平均每小时嗳气 17~20 次。

# 第三节　肉牛对环境的适应性

肉牛的生产、生活离不开环境，环境质量的好坏直接影响牛的生产性能和健康。通过对环境的控制和改善，为牛提供适宜的环境条件是科学养牛的重要措施。肉牛对环境的适应性受物理因素、化学因素、生物学因素和社会因素等几个方面影响。

## 一、湿热环境与控制

（一）温度对肉牛的影响

肉牛体型较大，单位体重的体表面积小，汗腺不发达，皮肤散热比较困难，主要通过垂皮来辅助散热，因此，牛比较怕热，但具有较强的耐寒能力，适宜环境温度为 10~21℃。

高温使肉牛的采食量下降，引起牛生长发育速度减慢，公牛精液品质和母牛受胎率降低。生产中必须采取防暑降温措施以减少高温对牛的影响，并避免在盛夏时采精和配种；当环境温度低于 8℃时牛的维持营养需要增加，采食量增加，加大了生产投入。

环境条件对小母牛生产性能的影响见表 2-1。

表 2-1　环境条件对小母牛生产性能的影响

| 环境条件 | 体重（kg） | 平均温度（℃） | 平均日增重（kg） | 采食量（kg） | 饲料/增重 |
|---|---|---|---|---|---|
| 对照，采暖牛舍 | 230 | 20 | 0.63 | 4.73 | 7.51 |
| 敞篷，前面敞开，有运动场 | 225 | -16 | 0.59 | 5.25 | 8.90 |
| 露天，有蒿秆垫料 | 218 | -16 | 0.54 | 5.14 | 9.52 |

不同类型及生理阶段肉牛对环境温度的要求见表2－2。

表2-2　肉牛的适宜温度计生产环境温度　　　　单位:℃

| 种类 | 适宜温度范围 | 生产环境温度 | |
| --- | --- | --- | --- |
| | | 低温（≥） | 高温（≤） |
| 犊牛 | 13～15 | 5 | 30～32 |
| 肥育牛 | 4～20 | －10 | 32 |
| 肥育阉牛 | 10～20 | －10 | 30 |

（二）湿度对肉牛的影响

温度适宜时，湿度的高低对肉牛的热调节没有明显影响，相对湿度以50%～70%为宜，但高温高湿的环境抑制牛的蒸发散热，引起体温上升，机体抵抗力减弱，易使牛患热射病；低温高湿牛体散发热量过多，机体感到更加寒冷。夏季气温超过35℃时，牛的繁殖率与相对湿度呈显著负相关。

空气过分干燥，使皮肤和外露黏膜发生干裂，减弱牛对病原微生物的防御能力。相对湿度在40%以下，易引起牛的呼吸道疾病。

（三）牛场湿热环境控制技术

1. 防暑降温

热应激影响牛采食量和反刍，进而影响增重，因此应采取防暑降温措施。

注意牛场建设布局的通风性能，防止建筑物成为牛舍夏季风的屏障；牛舍应建在通风良好处，采用绝缘性能好的材料建造屋顶或顶棚，活动场地设置遮阳网等，以减少热辐射。遮阳棚以高5m为宜，顶棚的材料应有良好的隔热性能且辐射系数小，地面保持干燥清洁，棚内设置水槽，保证充足、干净饮水的供应。

自然通风的拴系式牛舍中，给牛喷淋降温是缓解热应激的重要措施，但应避免牛床潮湿。

加强通风，风扇底部距离地面高度2.0～2.4m，安装风扇时需考虑给设备留出活动空间。

调整饲料结构和饲喂技术，减少产热量。适当补充碳酸氢钠、维生素C可预防热应激；调整饲喂时间，夏天在早上凉爽时饲喂以增加牛的采食时间，并在夜间增喂一次。

牛场周围种植树木遮阴，过道两边多种花草，可吸收太阳直射光能，减少气温的升高。

2. 防寒保温

初生犊牛怕冷，应做好防寒保温工作，牛舍防止穿堂风或贼风，保持地面干燥清洁，铺10cm垫草。防止青贮饲料冰冻，鲜酒糟、胡萝卜等含水率较高的饲料原料要做好夜间的防冻工作。

分娩后，应立即将犊牛从母牛身边转移到16～24℃的环境中。在冬天可以用加热灯烘干被毛，帮助犊牛保暖。每天及时清理粪便。

**二、有害气体及控制**

牛场的空气质量对牛体健康非常重要，也直接影响饲养人员的健康。牛舍中有害气体主要来自密集饲养牛的呼吸、嗳气、排泄和生产中的有机物分解。有害气体主要为氨气、二氧化硫、二氧化碳、硫化氢等。

（一）氨气

氨气主要来自粪便的分解和氨化秸秆的余氨，常被溶解或吸附在潮湿的黏膜上。氨气刺激黏膜，引起黏膜充血、咽喉水肿等。一般要求牛舍氨气的浓度小于20mg/m³。

（二）二氧化硫

二氧化硫具有很强的刺激性，能刺激牛眼结膜和鼻咽喉部黏膜。卫生标准准许二氧化硫一次最高浓度为0.15mg/m³，日平均最高准许浓度为0.05mg/m³。二氧化硫对牛的刺激表现见表2-3。

表2-3　二氧化硫对肉牛呼吸系统的刺激表现　　　　单位：mg/m³

| 浓度 | 刺激表现 |
| --- | --- |
| 0.03~0.29 | 刺激眼结膜和鼻咽黏膜，影响视觉 |
| 0.86~2.86 | 有嗅觉感知 |
| 2.86~8.56 | 刺激鼻咽和呼吸道黏膜，发生呼吸不畅、喘息等症状 |
| 8.56~14.30 | 引起支气管平滑肌的发射性收缩，呼吸道阻力增加 |
| 14.30~28.60 | 经15min昏迷，可引起慢性支气管炎、慢性鼻咽炎等 |
| 57.20 | 引起眼结膜炎症 |
| 85.80 | 呼吸道深部发生炎症、咳嗽，引起肺水肿等 |
| 85.80~285.95 | 呼吸困难，口吐白沫，体温上升，导致支气管炎、肺水肿 |

（三）二氧化碳

二氧化碳本身为无毒气体，二氧化碳浓度表明牛舍空气的污浊程度，通常要求牛舍二氧化碳的浓度小于1 500mg/m³。但是由于牛舍长期通风不良、舍内氧气消耗较多、有害气体含量较高，导致牛舍出现高浓度二氧化碳；氧的含量相对下降，使牛出现慢性缺氧、生产力下降、体质衰弱，容易感染结核等慢性疾病。研究表明，牛在2.0%二氧化碳环境中停留4h，气体和能量代谢下降24%~26%，且因氧化过程及热的产生受阻，牛体温稍有下降；二氧化碳浓度为4.0%时，血液中发生二氧化碳积累；浓度在10%时发生严重气喘；25%的浓度试验牛窒息死亡。

（四）硫化氢

牛舍中的硫化氢，是由含硫有机物质分解产生的。当喂给肉牛丰富的蛋白质饲料，而机体消化机能又发生紊乱时，也可排出大量的硫化氢。牛舍中硫化氢的浓度应小于 $8mg/m^3$，浓度过高对牛产生较大的危害，同时也影响饲养人员的健康。

（五）恶臭物质

恶臭来自牛的粪便、污水、饲料等的腐败分解物，新鲜粪便、消化道排出的气体、皮脂腺和汗腺的分泌物、黏附在体表的污物等也会散发出难闻的气味。

肉牛突然暴露在有恶臭气体的环境中，就会反射性地引起吸气抑制，呼吸次数减少，轻则产生刺激，发生炎症；重则使神经麻痹，窒息死亡。经常受恶臭刺激，会使内分泌功能紊乱，影响机体的代谢活动。

因此，要科学设计牛舍，牛舍的建筑合理与否直接影响舍内环境卫生状况，在建筑牛舍时应精心设计，生产中及时清理粪污，牛舍做到通风、隔热、防潮，以利于有害气体的排出。同时，合理调制日粮，采用理想蛋白质体系，适当降低日粮中粗蛋白质含量，添加必要的必需氨基酸，提高日粮蛋白质的利用率，可以尽量减少粪便中氮、磷、硫的含量，减少粪便和肠道恶臭气体的排放量。

# 第三章　肉牛品种资源

按照牛品种资源的来源与培育程度，分为地方品种、培育品种和引进品种。2011 年版《中国畜禽遗传资源志·牛志》中收录地方品种 92 个，培育品种 9 个，引进品种 13 个；地方黄牛品种 53 个，培育普通牛品种 11 个，引进普通牛品种 10 个。2012 年和 2014 年我国分别新增 1 个培育品种，分别是乳肉兼用型新品种蜀宣花牛、肉用型新品种云岭牛。外来品种与我国地方品种杂交培育的品种包括肉用品种夏南牛、延黄牛、辽育白牛和云岭牛，兼用品种中国西门塔尔牛、三河牛、新疆褐牛、中国草原红牛、蜀宣花牛、科尔沁牛，乳用品种中国荷斯坦牛。

## 第一节　地方品种资源

我国黄牛品种丰富，根据我国黄牛的分布情况，结合生态类型、牛种外貌体征的地域特征，可分为北方牛、中原牛和南方牛三大类。北方牛体格中等，主要分布在东北、华北、西北和内蒙古地区；中原牛体格大，有肩峰但不明显，主要分布在中原和华北地区以及华南北部；南方牛体格偏小，肩峰明显，具有瘤牛特征，主要分布在我国华东南部、华南、西南地区。

一、中原牛

（一）秦川牛

秦川牛在国内黄牛中属体格较大的役肉兼用型品种（见图 3 - 1），原产于渭河流域（北部），主要分布于陕西省渭南、宝鸡、咸阳等地所属县区。秦川牛毛色有紫红色、红色和黄色三种，以紫红色和红色居多，约占总数的80%。全身被毛短，无额部长毛。眼圈及鼻镜多为肉色。多数公牛角短而细致，多向外下或后方稍弯曲，母牛多数无角。公牛头较大，额宽，颈粗短，鬐甲高而宽，骨骼粗壮，肌肉丰满，体质强健。秦川牛胸部深宽，肋长而开张，背腰平直宽广，前躯发育良好，荐部稍隆起，后躯较窄；前肢间距较宽，后肢飞节靠近，蹄呈圆形，蹄叉紧、蹄质硬，绝大部分为红色，四肢结实，蹄大坚固。

图 3 - 1　秦川牛

秦川牛肉用性能良好。成年公牛平均体高（141.7 ± 13.9）cm，平均体重（620.9 ± 109.8）kg；母牛平均体高（127.2 ± 5.8）cm，平均体重（416.0 ± 59.3）kg。25 月龄育肥公牛平均日增重为749g，平均屠宰率达（63.1 ± 2.2）%，净肉率（52.9 ± 2.6）%，眼肌面积（79.8 ± 9.7）cm$^2$。秦川

母牛泌乳期为 7 个月，泌乳量为（715.8 ± 261.0）kg。公牛 12 月龄性成熟，1.5 ~ 2 岁开始配种。母牛初情期为 9 ± 1 月龄，发情周期（21 ± 2）天，妊娠期（285 ± 9）天。犊牛成活率 97%。秦川牛兼具大型和小型牛品种的良好生物经济学特性，多年来的生产实践表明，以秦川牛作父本改良杂交山地小型牛或作为母本与国外引进的大型品种牛杂交，效果普遍良好。

（二）南阳牛

南阳牛属役肉兼用型黄牛地方品种（见图 3 - 2），主产于河南省南阳市的白河、唐河流域。南阳牛体格高大，肌肉发达，结构紧凑，皮薄毛细，体质结实。毛色有黄、红、草白三种，以深浅不等的黄色居多，占 93%。面部、腹下和四肢毛色较淡。毛短而贴身，部分公牛前额有卷毛。鼻镜宽，多为肉红色，部分带黑点。公牛头部雄壮方正，额微凹，颈短厚稍呈方形；母牛头清秀，较窄长，多凸起，颈薄呈水平状，长短适中。公牛肩峰较大，隆起 8 ~ 9cm；母牛肩峰小，一般中后躯发育较好。角型有萝卜角、扁担角、丸角、平角和大角等。公牛角基较粗，以萝卜头角和扁担角为主；母牛角较细、短，多为细角、扒角、疙瘩角。南阳牛肩部宽厚，胸骨突出，肋间紧密，背腰平直，荐尾略高，尾巴较细。四肢端正，筋腱明显，蹄质坚实，蹄圆大，呈木碗状，蹄壳以蜡黄色，琥珀色带血筋者为多。

南阳牛是我国著名的地方优良品种之一，具有肉质好、耐粗饲、适应性强等特点。2006 年测定数据南阳牛成年公牛平均体高（139.6 ± 2.8）cm，平均体重（490.8 ± 2.5）kg；母牛平均体高（131.0 ± 7.2）cm，平均体重（413.6 ± 76.4）kg。18 月龄短期育肥公牛屠宰率为（55.3 ± 2.3）%，净肉率（45.4±2.4）%，眼肌面积（92.6±2.55）cm$^2$。南阳牛性成熟早，公牛1.5~2岁开始配种，3~6岁配种能力最强，利用年限5~7年。母牛常年发情，中等饲养水平下初情期8~12月龄，发情周期21天，初配年龄多在2岁，妊娠期289.8天。犊牛成活率85%~95%。

图3-2　南阳牛

（三）鲁西牛

鲁西牛属役肉兼用型黄牛地方品种（见图3-3），是我国中原黄牛四大品种之一（见图3-3）。原产于山东省的菏泽、济宁两市。主产区扩展至德州、聊城、泰安等市。鲁西牛体躯高大，肌肉发达，筋腱明显，皮薄骨细，体质结实，结构匀称。毛色呈淡黄至棕黄色，部分牛的眼圈、口轮、腹下和四肢内侧色稍浅，鼻镜呈肉红色。公牛头方正，颈短厚、稍隆起，肩峰高而宽厚，前躯发育好，而后躯发育较差，尻部肌肉不够丰满，体躯呈明显前高后低，角粗大，多为倒八字角或龙门角。母牛头清秀，角细短，乳房发育良好，鬐甲较低平，后躯发育较好，尻部稍倾斜，四肢端正，蹄质结实。无脐垂，尾稍长、接近飞节，尾梢一般为黄色或略浅，少数为淡白色。

鲁西牛是我国著名的役肉兼用品种，以体大力强、外貌一致、肉质良好而著称。皮薄骨细，产肉率高，肉用性能良好，肉质具有肌纤维细、脂肪白且分布均匀、大理石花纹明显等特点。2007 年测定数据鲁西牛成年公牛平均体高（147.0 ± 14.5）cm，平均体重（512.5 ± 86.8）kg；母牛平均体高（136.7 ± 12.7）cm，平均体重（470.9 ± 84.6）kg。育肥公牛屠宰率为（55.4 ± 0.1）%，净肉率（47.6 ± 0.1）%，眼肌面积（94.0 ± 5.7）cm$^2$。鲁西牛母牛 250 ~ 310 日龄达初情期，发情周期 22 天，初配年龄一般为 1.5 ~ 2 岁，妊娠期 285 天。公牛 2 ~ 2.5 岁开始配种，利用年限 5 ~ 7 年。

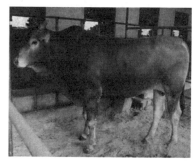

图 3 - 3　鲁西牛

## 二、南方牛

### （一）枣北牛

枣北牛属役肉兼用型黄牛地方品种（见图 3 - 4）。中心产区包括湖北省的枣阳市、老河口市和襄州区。体型中等偏大，结构匀称，皮薄毛细，骨骼较粗壮，肌肉发达。基础毛色为草黄色、草白色，无白斑、晕毛、沙毛。鼻镜、眼睑、乳房为黑色或粉色，蹄角多为黑褐色，尾梢黄色。公牛肩峰发达。母牛肩峰适中，颈垂和胸垂小，无脐垂。角为迎风角，尾短，尾帚较小。

枣北牛是优良的黄牛品种，成年公牛平均体高134.2cm，平均体重438.2kg；母牛平均体高124cm，平均体重354.2kg。18月龄公牛屠宰率为48.5%。净肉率为39.7%。公牛10~18月龄、母牛8~15月龄性成熟。留种公牛一般2岁开始配种，母牛一般18月龄初配。犊牛成活率93%。

图3-4 枣北牛

（二）巫陵牛

巫陵牛属役肉兼用型黄牛地方品种（见图3-5）。又名恩施牛、湘西牛、恩南牛，主产于湖南、湖北、贵州三省交界地区，分布于湖南省凤凰、大庸等地。全身毛色以黄色最多，栗色、黑色次之。角型不一，角色多样。蹄以黑色"铁蹄"居多。公牛肩峰肥厚，母牛肩峰不明显。尻斜，肢长中等，四肢强健，后肢飞节内靠，蹄形端正，蹄质坚实，尾较长。

巫陵牛为南方山区中小型黄牛，具有山地黄牛体态结构。成年公牛平均体高114.9cm，平均体重308.1kg；母牛平均体高105.0cm，平均体重232.1kg。4~4.5岁公牛屠宰率50.1%，净肉率40.1%。公牛8~10月龄开始有爬跨行为，初配年龄2.5岁。母牛10~12月龄发情，1.5岁左右

表现明显的规律性发情。

图 3-5　巫陵牛

（三）隆林牛

隆林牛为役肉兼用型黄牛地方品种（见图 3-6）。中心产区在广西壮族自治区隆林各族自治县境内。体型中等，体重大，四肢健壮，蹄质结实。基础毛色以黄褐色为主，全身被毛贴身短细有光泽，鼻镜多为肉粉色和黑褐色，蹄色以黑褐色及蜡黄色为主。公牛角以倒八字角和萝卜角为主，母牛以铃铃角及倒八字角为主。公牛鬐甲较高、较宽，肩峰高大，颈垂、胸垂较大。母牛鬐甲低而平薄，乳房较小，乳头大如食指，呈圆柱状。尾大小适中，尾梢长过后肢飞节，颜色以黑褐色和蜡黄色为主。

图 3-6　隆林牛

隆林牛体型中等，发育匀称，肌肉发达，肉质细腻，屠宰率高。成年公牛平均体高（114.1±5.4）cm，平均体重（264.9±47.0）kg；母牛平均体高（106.6±4.6）cm，平均体重（221.0±32.1）kg。公牛屠宰率为56.8%。净肉率为44.5%。性成熟年龄公牛为12～18月龄，母牛为12～18月龄，初配年龄公牛为18～24月龄，母牛为27～28月龄。

（四）皖南牛

皖南牛属役用或役肉兼用型黄牛地方品种（见图3－7），主产于安徽省长江以南的泾县、黟县、歙县、绩溪、旌德及皖浙、皖赣交界的山区。被毛以深浅不同的褐色或黑色较多。可分为粗糙型和细致型，粗糙性牛头较粗重，颈稍短，垂皮发达，公牛肩峰高，双脊背较多，后臀肌肉较丰满，尾细长，四肢较短；细致型牛外形较细致清秀，颈细长而平，体型中等偏小，体质结实匀称，体躯短而高，四肢管围较细，瘤峰显现，垂皮发达，背线明显。

图3－7　皖南牛

皖南牛具有耐粗饲、耐热、耐湿、抗病力强等特点，尤为突出的特点是能在水田中连续作业而蹄壳不软、不烂。肉质细、味道鲜美。成年公牛平均体高（120.62±4.51）cm，平均体重（352.84±4.56）kg；母牛平均体高（112.08±2.21）cm，平均体重（254.35±5.0）kg。18～24月龄公牛屠宰率为51.58%。净肉率为41.71%。公牛10月龄可配种，利用年限10～12年。母牛8～9月龄开始发情，12月龄初配，利用年限14年。

（五）雷琼牛

雷琼牛属役肉兼用型黄牛品种（见图3-8），主产于雷州半岛的徐闻、雷州、遂溪及海南省海口市的琼山区。体格适中，体质结实。被毛以黄色为主，也有棕色、黄褐色、黑褐色，被毛细短。公牛头重、角大，呈锥形稍弯，角根部呈灰白色，角尖呈灰黑色。母牛角细短，呈灰白色。公牛颈粗，颈下肉垂发达，肩峰较发达；母牛颈细长，鬐甲低。尾长，下垂过飞节，尾梢呈黑色。

图3-8 雷琼牛

雷琼牛不仅耐热性能好、耐粗饲，且患病少，但存在体型小，产肉量和泌乳量低等缺点。成年公牛平均体高115.1cm，平均体重354.6kg；母牛平均体高104.8cm，平均体重271.2kg。屠宰率为（52.1±1.9）%。净肉率为

（40.4±1.3）％。繁殖力强，一般一年一胎。公母牛初配年
龄为18月龄，一般利用年限11～13年。性成熟年龄公牛为
18月龄，母牛12月龄。

（六）昭通牛

昭通牛属役肉兼用型黄牛地方品种（见图3－9），主产
于云南省昭通市，全市所辖11个县（区）均有分布。基础
毛色以黄色、淡黄色、草白色、黑色、红色、浅黄褐色为
多。眼圈与蹄冠部毛呈灰白色。大多有角，中等粗，呈蜡
黄色或黑褐色。公牛角向外侧微上伸展为倒八字形，母牛
角向前上方内弯曲呈弧形。公牛肩峰明显，母牛无肩峰。
多数有颈垂，胸垂小。蹄圆形，中等大。尾细长，尾根较
低，尾帚过飞节。

图3－9 昭通牛

昭通牛具有耐寒、耐湿的优良特性，产肉性能好。成
年公牛平均体高（116.5±5.7）cm，平均体重（317.3±
58.9）kg；母牛平均体高（110.2±6.6）cm，平均体重
（255.9±45.0）kg。3岁公牛屠宰率为54.3％。净肉率为
44.1％。昭通牛因饲养地区气候条件差异、饲养管理水平不
同，性成熟和初配年龄差异也较大。在低海拔热区性成熟

年龄公牛 9~18 月龄，母牛 8~18 月龄；高寒地区公牛和母牛 24~36 月龄性成熟。母牛利用年限一般 12~16 岁。

（七）巴山牛

巴山牛为役肉兼用型黄牛地方品种（见图 3-10），主产于四川、湖北、陕西三省交界的大巴山区。整体结构为宽长矮，体型接近正方形，体躯各部发育匀称，结实紧凑。被毛稀短，有局部卷毛。毛色以深黄色和浅黄褐色为主，亦有草白色、黑色。白斑图案有白花，有的牛有晕毛。角以龙门角为主，其他有小圆环角等，角尖光滑，有黑色、黄色或红黄白相间等。公牛肩峰大而明显，俗称"峰包"，与颈肩部形成凹陷，高出鬐甲 8~10cm，母牛无肩峰。蹄圆而厚，蹄缝较紧，蹄质分铁蹄、串筋蹄、铜蹄三种，以铁蹄最多，串筋蹄次之，铜蹄较少。尾根粗，尾尖不过飞节；尾帚大，尾梢毛多为黄色。

图 3-10　巴山牛

巴山牛体格偏小，对陕南巴山多余温湿环境有良好适应性，且对焦虫病有较强抵抗力。巴山牛成年公牛平均体高（124±5.8）cm，平均体重（404±61.7）kg；母牛平均体高（114±4.4）cm，平均体重（313±38.9）kg。44.4

月龄巴山牛公牛屠宰率为（52.4±0.5）％。净肉率为
（44.6±0.6)％。巴山牛山川水旱耕作能力较强。种公牛利
用年限为5~10年。母牛繁殖年限为12年。多数母牛三年
产两胎，犊牛成活率为90.7％。

（八）川南山地黄牛

川南山地黄牛属小型役用型黄牛地方品种（见图3-
11），产于四川盆地东南部边缘山区，主产于筠连、珙县、古
蔺、叙永等县，分布于兴文、天全、荥经、宝兴、汉源等县。
体格较小，体躯紧凑结实。基础毛色为黄或黑色。被毛为贴
身短毛，额部无长毛。头略长，鼻梁较长而直。耳平伸，耳
壳较薄。角型多样，多为短而圆、角尖向外的芋头角。公牛
肩峰大，母牛肩峰较小或无。公母牛胸垂大而有皱褶。尾长
达后管下部，尾帚较小，尾梢为黄色或黑色。

图3-11　川南山地黄牛

川南山地黄牛适应山区放牧饲养条件，善于爬坡和小块
田耕作，具有耐粗饲、适应性强、役力强、性情温顺等特点，
但存在个体小、肉用性能差的缺点。其成年公牛平均体高
（121.6±6.4）cm，平均体重（372.4±58.5）kg；母牛平均
体高（113.5±5.2）cm，平均体重（298.4±53.4）kg。性
成熟年龄为12~18月龄，公牛36月龄、母牛42月龄初配。

犊牛成活率较高，可达93%。

（九）峨边花牛

峨边花牛属肉役兼用型地方黄牛品种（见图3-12）。中心产区在四川省凉山彝族自治州东北部小凉山北坡的峨边县中山地带的彝族聚居区。体格中等大小，体躯较长，腹圆大而不下垂。基础毛色为黄白花、黑白花。白斑图案类别有白带、白头、白背、白腹、全色、白花和白胸，部分牛只有晕毛。鼻镜黑褐色，眼睑和乳房为粉红色，蹄角为黑褐色。公牛头宽粗重，母牛头小狭长，角型多样，以角尖斜向两侧分开并略向前倾的倒八字角居多。无肩峰，颈垂大，胸垂小，无脐垂。四肢短而结实，蹄小而圆。尾长至后管下段，尾帚小，尾梢为黄色或白色。

峨边花牛性情温驯、繁殖性能好、抗病力强、产肉性能优良，役用性能良好，是四川省地方优良品种。成年公牛平均体高（121.6±4.4）cm，平均体重（330.4±34.7）kg；母牛平均体高（109.5±6.2）cm，平均体重（259.5±51.7）kg。性成熟年龄公牛为18月龄，母牛为16月龄。初配年龄公牛为36月龄，母牛为42月龄。母牛极少难产，犊牛成活率达95.6%。

图3-12　峨边花牛

（十）甘孜藏牛

甘孜藏牛为乳役兼用型地方黄牛品种（见图 3 - 13），主产于四川省甘孜藏族自治州的半农半牧区，包括康定、九龙、雅江、炉霍、甘孜等，遍布全州 18 个县。体型矮小，头短而宽。基础毛色主要为黑色和黄褐色，鼻镜为黑褐色和粉色。蹄色主要为黑褐色，少数为蜡黄色。角型多样，有芋头角、羊叉角、倒八字角等。肩峰小，公牛颈垂较大，母牛颈垂较小，公母牛胸垂较小、脐垂小。

甘孜藏牛适应性极强，耐粗放，温驯，易于管理，极少难产和流产。但个体偏小、生产性能较低。成年公牛平均体高（118.8 ± 7.3）cm，平均体重（397.5 ± 112.6）kg；母牛平均体高（110.8 ± 7.4）cm，平均体重（287.8 ± 66.7）kg。180 天泌乳 250kg，乳脂率为 4.1%。性成熟年龄公牛为 20 ~ 30 月龄，母牛 15 ~ 20 月龄。初配年龄公牛 42 月龄，母牛 36 月龄。犊牛成活率为 86.8%。

图 3 - 13　甘孜藏牛

（十一）凉山牛

凉山牛属役用型地方黄牛品种（见图 3 - 14）。中心产区为四川省凉山彝族自治州的盐源、会东、会理、昭觉、

美姑、普格、布拖7个县。体躯较短，四肢健壮结实。基础
毛色为黄色和黑色，部分牛只有白带、白头、白背、白腹
等。鼻镜为黑褐色，蹄角蜡黄色或黑褐色。头部短而宽，
角型多样，有倒八字角、铃铃角、龙门角等，以倒八字角
居多。公牛肩峰较大，颈垂和胸垂较大；母牛肩峰小，颈
垂和胸垂较小。尾帚小，尾梢为黄色或黑色。

图3-14  凉山牛

凉山牛体型矮小，行动灵活，耐粗饲，特别适宜于山
区饲养和役用，但肉用性能较低。成年公牛平均体高
（116.2±5.4）cm，平均体重（356.5±72.4）kg；母牛平
均体高（108.8±4.6）cm，平均体重（269.2±42.4）kg。
性成熟年龄公牛为12月龄，母牛18月龄。初配年龄公牛
18月龄，母牛30月龄。犊牛成活率为94.9%。

（十二）平武牛

平武牛属役肉兼用型地方黄牛品种（见图3-15），主
产于四川省平武县的南坝、平通、大桥、土城、旧堡、锁
江、大印、豆叩八个乡镇。基础毛色为黄色或黑色，全身
为贴身短毛。全群牛无白斑图案，无"白胸月"，部分牛只
胁部、大腿内侧、腹下等处有局部淡化和晕毛。鼻镜粉色
和褐色，蹄为黑褐色，角为蜡黄色。耳壳较厚，耳端钝圆。

角型多样，有芋头角、一字扁平角、龙门角等。公牛肩峰大，颈垂、胸垂较大，无脐垂。母牛无肩峰。尾帚小，尾梢颜色为黄色或黑色。

图 3 – 15　平武牛

平武牛耐粗放、抗病力强，但肉用性能较差。成年公牛平均体高（127.1 ±4.6）cm，平均体重（463.9 ±85.2）kg；母牛平均体高（113.7 ±4.4）cm，平均体重（294.1 ±31.7）kg。性成熟年龄公牛为 10 月龄，母牛 12 月龄。初配年龄公牛 36 月龄，母牛 30 月龄。犊牛成活率为 85.9%。

（十三）三江牛

三江牛属役用型地方黄牛品种（见图 3 – 16）。中心产区在四川省阿坝藏族羌族自治州汶川县的三江、白石、水磨等乡（镇）。基础毛色为黄色或黑色，部分牛只有白头、白背、白袜子。鼻镜粉色和褐色，蹄为黑褐色，角蜡黄色或黑褐色。角型多样，以铃角和倒八字角为主。头大额宽，前躯发育良好，中躯和后躯发育中等。公牛肩峰大，母牛肩峰较小或无。公母牛均无胸垂，颈垂小。尾长至后管下部，尾帚小，尾梢颜色为黄色或黑色。

三江牛体型较大，适应性好，耐粗饲，性情温驯，有较强役用性能。成年公牛平均体高（116.0±6.4）cm，平均体重（346.9±80.2）kg；母牛平均体高（111.0±5.7）cm，平均体重（302.7±43.3）kg。性成熟年龄为18月龄。初配年龄公牛36月龄，母牛30月龄。犊牛成活率为91.65%。

图3-16　三江牛

## 三、北方牛

### （一）延边牛

延边牛属役肉兼用型品种黄牛地方品种（见图3-17），主产于吉林省延边朝鲜族自治州，主要分布于图们江流域和海兰江流域的延吉市、和龙市、龙井市、图们市、珲春市和汪清县等县（市）及通化市的集安市、白山市的长白朝鲜族自治县。成年公牛平均体重625.0kg，母牛平均体重425kg，公牛平均体高131.5cm，母牛平均体高122.5cm。成年公牛屠宰率54.4%，净肉率47.6%，肉骨比4.12，眼肌面积108.8cm$^2$。母牛泌乳期一般为6个月，年泌乳量（750±71）kg。乳脂率（5.8±0.76)%，乳蛋白率（3.37±0.34)%。延边牛持久力强、速度快，使役用途广泛。公牛14月龄性成熟，22月龄可初配。母牛13月龄性成熟，22月龄可初配。母牛全年均有发情，多集中在7~8月份。

妊娠期 290 天。犊牛成活率 95%。该品种肉质好，其独特的肉质风味可与韩国的韩牛和日本的和牛相媲美，是培育我国专门化肉牛品种的良好资源。

图 3 - 17　延边牛

（二）复州牛

复州牛属役肉兼用型黄牛地方品种（见图 3 - 18），是我国不可多得的优良地方品种，其以生长发育快、体尺体重大、繁殖性能好、哺育能力强、产肉多且肉质好、适应性强等优点而颇受社会欢迎。中心产区在辽东半岛中部西侧的瓦房店市，主要分布于庄河、普兰店市、金州区等周边地区。成年公牛平均体重（911.2 ± 52.8）kg，母牛平均体重（469.0 ± 55.0）kg，公牛平均体高（152.1 ± 1.1）cm，母牛平均体高（113.7 ± 6.4）cm。18 月龄公牛屠宰率（60.3 ± 3.14）%，净肉率（50.2 ± 2.7）%，肉骨比 5，眼肌面积（98.6 ± 31.1）cm²。公牛（16.3 ± 1.6）月龄性成熟，（36 ± 2.1）月龄可初配。母牛（12.4 ± 1.5）月龄性成熟，（24.3 ± 1.5）月龄可初配。母牛常年发情，多集中在 4 ~ 8 月份；妊娠期 282 ~ 283 天；犊牛成活率 91.3%。

图 3 - 18　复州牛

（三）蒙古牛

蒙古牛属以役用为主的乳肉役兼用型黄牛地方品种（见图 3 - 19），是我国北方优良地方品种之一。原产于蒙古高原地区，现广泛分布于内蒙古、新疆、黑龙江、吉林、辽宁等省市。成年公牛平均体重 349.3kg，母牛平均体重（291.1 ±6.3）kg，公牛平均体高 119.7cm，母牛平均体高（113.6 ±3.4）cm。67 月龄阉牛屠宰率（53.6 ±1.0）%，净肉率（43.7 ±1.08）%，肉骨比（4.4 ±0.54），眼肌面积（50.4 ±9.8）cm$^2$。母牛泌乳期一般为 210 天，年泌乳量（415.6 ±4.83）kg。乳脂率（5.26 ±0.2）%。公牛 16 月龄性成熟，22 月龄可初配。母牛 14 月龄性成熟，22 月龄可初配。母牛妊娠期 284 天。

图 3 - 19　蒙古牛

## 第二节　培育品种

我国从 1983 年以来培育的品种共 12 个：肉用品种夏南牛、延黄牛、辽育白牛、云岭牛，乳用品种中国荷斯坦牛，兼用品种中国西门塔尔牛、蜀宣花牛、三河牛、新疆褐牛、草原红牛、科尔沁牛，牦牛品种为大通牦牛。

（一）中国西门塔尔牛

中国西门塔尔牛为大型乳肉兼用型培育品种（见图 3 - 20），主要分布于内蒙古、河北、吉林、新疆、黑龙江等 26 个省、自治区。成年公牛平均体重（866.75 ± 84.2）kg，母牛平均体重（524.49 ± 45.5）kg，公牛平均体高（144.75 ± 10.7）cm，母牛平均体高（132.59 ± 5.3）cm。核心群母牛平均胎产奶量为（4 327.5 ± 357.3）kg，平均乳脂率为 4.03%；育肥至 18 ~ 22 月龄活重（573.6 ± 69.9）kg，屠宰率（60.4 ± 4.9）%。可直接作为肉用杂交的父系，对地方黄牛都有很好的改良效果。

图 3 - 20　中国西门塔尔牛

（二）蜀宣花牛

蜀宣花牛是我国南方地区第一个具有自主知识产权的

乳肉兼用型牛国家审定新品种（见图 3 - 21），原产于四川
省宣汉县，是以宣汉黄牛为母本，选用西门塔尔牛、荷斯
坦牛为父本，通过杂交创新、横交和世代选育培育而成。
含西门塔尔牛血缘 81.25%，荷斯坦牛血缘 12.5%，宣汉黄
牛血缘 6.25%。体型中等，成年公牛平均体重 782.2kg，母
牛平均体重 522.1kg；18 月龄育肥平均体重 509.1kg，屠宰
率 58.1%，净肉率 48.2%；母牛泌乳期平均产奶量
4495.4kg，乳脂率 4.2%，乳蛋白率 3.2%。蜀宣花牛具有
生长发育快、乳用性能好、肉用性能佳、抗逆性强、耐粗
饲、适应范围广等特点，能有效适应我国南方高温高湿和
低温高湿的自然气候及农区较粗放的饲养管理条件。且与
本地黄牛杂交改良效果好。

图 3 - 21　蜀宣花牛

（三）新疆褐牛

新疆褐牛属乳肉兼用型培育品种（见图 3 - 22）。以当地
哈萨克牛为母本，引入瑞士褐牛、阿拉托乌牛及少量科斯特
罗姆牛与之杂交改良长期选育而成。中心产区在天山北坡西
部的伊犁河谷、塔额盆地，主要分布于伊犁哈萨克自治州。
体型中等，成年公牛平均体重（970.5 ±87.4）kg，母牛平均
体重（512.8 ±55.5）kg，公牛平均体高（152.6 ±5.5）cm，

母牛平均体高（127.1±3.4）cm。育肥条件下 1.5 岁阉牛屠宰率 42.9%，净肉率 31.5%，肉骨比 2.6；母牛泌乳期 6~10 个月，平均 210 天左右。一胎产奶量（2 251±805）kg，二胎产奶量（2 328±530）kg，三胎以上产奶量（2 617±660）kg。乳脂率 3.54%，乳蛋白率 3.32%。公牛 10 月龄、母牛 12 月龄性成熟，公母牛均 18 月龄左右初配。妊娠期 285 天。犊牛成活率 95% 以上。新疆褐牛以耐粗饲、抗寒、抗逆性强、适宜山地草原放牧、适应性强等特点深受农牧民喜爱。

图 3-22 新疆褐牛

（四）三河牛

三河牛是我国培育的第一个乳肉兼用牛品种（见图 3-23），产于额尔古纳市三河地区及呼伦贝尔市、兴安盟、通辽市等地，三河分别是：根河、得耳布尔河、哈布尔河。三河牛具有乳肉兼用型外貌特征，体型高大。成年公牛平均体重（930.5±230.6）kg，母牛平均体重（578.9±65.4）kg，公牛平均体高（136.9±4.4）cm，母牛平均体高（152.4±8.1）cm。肉用性能较好，18 月龄以上公牛或阉牛经短期育肥后，屠宰率达 55% 左右，净肉率 40%~45%；母牛 305 天平均产奶量 5 105.77kg。乳脂率（4.06±0.85）%，乳蛋白率（3.19±0.39）%。公牛 12 月龄左右性

成熟，18～24 月龄可正常采精，可利用到 10 岁左右。母牛
12 月龄性成熟，16～20 月龄初配。妊娠期 282 天左右。犊
牛成活率 89.1% 以上。

图 3-23　三河牛

（五）夏南牛

夏南牛属专门化肉牛培育品种（见图 3-24），是以法
国夏洛来牛为父本，南阳牛为母本，采用杂交创新、横交
固定和自群繁育培育而成的肉用牛新品种。夏南牛含夏洛
来牛血液 37.5%，含南阳牛血液 62.5%。中心产区为河南
省泌阳县，主要分布于河南省驻马店市西部、南阳盆地东
隅。成年公牛平均体重 850kg 左右，母牛平均体重 600kg 左
右，公牛平均体高（142.5±8.5）cm，母牛平均体高
（135.5±9.2）cm。肉用性能好，10 头 17～19 月龄的未育
肥公牛，屠宰率达 60.13% 左右，净肉率 48.84%，眼肌面
积 117.7cm$^2$；母牛初情期平均为 432 日龄，发情周期平均
20 天，初配时间平均 490 日龄；妊娠期平均 285 天，产后
发情时间约 60 天，难产率 1.05%。夏南牛耐粗饲，适应性
强，舍饲、放牧均可，在黄淮流域及以北的农区、半农半
牧区都能饲养。适宜生产优质牛肉，具有广阔的推广应用
前景。但耐热性稍差，有待进一步提高耐热性。

图 3 - 24　夏南牛

（六）延黄牛

延黄牛属肉用牛培育品种（见图 3 - 25），是以延边牛为母本、利木赞牛为父本，经杂交、横交固定和群体继代选育形成。含延边牛血液 75%，利木赞牛血液 25%。主产区在吉林省延吉市，图们市、龙井市、珲春市。成年公牛平均体重（1 056. 6 ±58. 0）kg，母牛平均体重（625. 5 ±26. 5）kg，公牛平均体高（156. 2 ±9. 3）cm，母牛平均体高（136. 3 ±6. 6）cm。集中舍饲短期育肥的 18 月龄公牛，屠宰率59. 5%，净肉率 48. 3%；母牛初情期 8 ~9 月龄，公牛 14 月龄、母牛 13 月龄达性成熟；母牛发情周期 20 ~21 天，全年发情，发情旺期为 7 ~8 月份。一般 20 ~24 月龄。初配妊娠

图 3 - 25　延黄牛

期 285 天，产犊间隔期 360～365 天。使用年限种公牛 8～10
岁，母牛 10～13 岁。延黄牛是吉林省肉牛生产的主要品种之
一，是延边地区肉牛的主要品种。也是我国目前较好的肉牛
品种之一，特别是在我国北部和东北部具有较好的推广前景。
但母牛泌乳力偏低，有待进一步选育提高。

（七）辽育白牛

辽育白牛属肉牛培育品种（见图 3 - 26），是以夏洛莱牛为
父本，以辽宁本地黄牛为母本级进杂交、横交固定和有计划选
育而成。含夏洛莱牛血液 93.75%、本地黄牛血液 6.25%。主要
分布于辽宁省东部、北部和中西部地区。成年公牛平均体重
（910.5 ±81.0）kg，成年母牛平均体重（451.2 ±42.5）kg，公
牛平均体高（146.2 ±5.6）cm，母牛平均体高（126.8 ±3.3）
cm。18 月龄育肥公牛屠宰率 58%，净肉率 48%，眼肌面积
80cm$^2$；辽育白牛繁殖无季节性。母牛初情期 10～12 月龄，公、
母牛 12～14 月龄达性成熟；母牛发情周期 18～22 天，妊娠期
281.7 天。公牛适应采精年龄为 16～18 月龄，使用年限 8～9
岁。辽育白牛具有较强的抗逆性、耐粗饲、易管理，采用舍饲、
半舍饲半放牧和放牧等方式饲养均可，除我国南方高湿潮湿地
区外的其他地区均可饲养。

图 3 - 26　辽育白牛

# 第三节　引进品种

我国引入的肉牛品种主要有西门塔尔牛、夏洛莱牛、利木赞牛、安格斯牛、海福特牛、日本和牛。我国在 19 世纪、20 世纪先后引进了西门塔尔牛、安格斯牛、利木赞牛等品种进行纯繁或对本地黄牛进行杂交改良。

（一）西门塔尔牛

西门塔尔牛原产于瑞士西部阿尔卑斯山区的河谷地带，属于乳肉兼用大型品种。泌乳期产奶量 4 000kg，乳脂率 4%左右。成年公牛体重为 1 100 ~ 1 200kg，母牛为 650 ~ 800kg。产肉性能良好，12 月龄体重可以达到 450kg。公牛经育肥后，屠宰率可以达到 65%。胴体瘦肉多，脂肪少，且分布均匀。为杂交改良我国黄牛的主推品种，杂交改良效果好。

图 3 - 27 西门塔尔牛

（二）夏洛莱牛

夏洛莱牛原产于法国中西部到东南部的夏洛莱省和涅夫勒地区，是举世闻名的大型肉牛品种。该牛最显著的特点是被毛为白色或乳白色，皮肤常有色斑。骨骼结实，四肢强壮，肌肉丰满，后臀肌肉很发达，并向后和侧面突出，常形成"双肌"特征。成年活重公牛平均为 1 100 ～ 1 200kg，母牛 700 ～ 800kg。产肉性能好，屠宰率一般为 60% ～ 70%，胴体净肉率为 80% ～ 85%。母牛年产奶量 1 700 ～ 1 800kg，乳脂率 4.0% ～ 4.7%。母牛初情期在 13 ～ 14 月龄，17 ～ 20 月龄可配种，但此时期难产率高达 13.7%，因此在原产地将配种时间推迟到 27 月龄。该品种适应放牧饲养，具有耐寒、抗热等适应性强的特点。在改良我国黄牛生长速度慢、体格小等方面具有较大优势，但要注意其难产率高的现象，应科学利用引进该品种。

图 3 - 28　夏洛莱牛

（三）安格斯牛

安格斯牛属古老的小型肉牛品种。原产于苏格兰东北部的阿拉丁、安格斯、班芙和金卡丁等郡。以被毛黑色和无角为重要特征，也有红色类型的安格斯牛。具有早熟、胴体品质好、优等、牛肉产出多、肌肉大理石花纹明显、抗逆性强、耐粗饲等特点。体型较小，成年公牛体重 700 ～ 900kg，母牛 500 ～ 600kg。公、母牛体高分别为 130.8cm 和 118.9cm 左右。肉用性能良好，被认为是世界上各种专门化肉用品种中肉质最优秀的品种。屠宰率一般为 60% ～ 65%。

12 月龄性成熟，但常在 18 ~ 20 月龄初配。产犊间隔短，连产性好，极少难产。我国 1974 年开始陆续引进安格斯牛，与本地黄牛进行杂交。在四川地区引入安格斯牛与本地黄牛杂交后，其后代前期生长发育快、饲料利用率高、肉质好，深受广大饲养者的喜爱。

图 3 - 29　安格斯牛

# 第四章　选种与选配

## 第一节　品种选择与引种

### 一、品种选择

在引入肉牛生产实践中，不仅要掌握一定的饲养管理技术，还需考虑肉牛品种原产地的自然环境条件以及引入品种自身的适应能力，同时根据养殖者的生产需要来选择不同品种及杂交组合。

（一）肉牛品种选择原则

在肉牛品种选择时可遵循几个原则：

1. 适宜性原则

按照区域饲草料资源禀赋、生产基础、屠宰加工和区位优势等条件特点选择肉牛品种。根据《全国牛羊肉生产发展规划（2013－2020）》中的肉牛优势区域布局规划，明确各区域肉牛产业的目标定位与发展方向，选择适宜区域目标定位的肉牛品种。引入品种需与当地自然资源和环境条件相适应。如果当地自然环境条件与引入地差距太大，肉牛无法适应，经济效益也无法实现最大化。牛是喜凉怕热的动物，如果气温过高（30℃以上），往往会影响育肥效果，因此，南方气温较高的地区，应选择耐热品种及其改良牛。

2. 适时性原则

密切关注市场行情，将市场需求作为品种结构调整的参考依据。市场需求低脂牛肉时，可选择皮埃蒙特牛、夏洛莱牛等引进品种的改良牛。市场需求高脂牛肉时，可选择地方优良品种，如晋南牛、秦川牛、南阳牛和鲁西牛等，也可选择安格斯牛、利木赞牛、海福特牛等引进品种的改良牛等。

3. 适用性原则

考虑引入的肉牛品种是否具有市场优势，不具备市场优势的品种，产品销量有限，养殖效益则不高。

1）首先考虑的是产销关系，比如生产雪花牛肉、小白牛肉，投入大，成本高，市场风险相对较大，必须要有稳妥可靠的销售渠道，按市场需求量有计划的生产。

2）考虑杂种优势。用引进优良品种培育的改良牛，具有明显的杂种优势，生长速度快，抗病力强，适应性好，可在一定程度上降低饲养成本，获得较好的经济效益。

（二）肉牛品种选择

我国培育及引入的兼用牛品种有西门塔尔牛、蜀宣花牛、新疆褐牛、草原红牛、三河牛等；引入的肉牛品种主要有夏洛莱牛、利木赞牛、安格斯牛、海福特牛、日本和牛等；培育的肉牛品种有夏南牛、延黄牛、辽育白牛和云岭牛。

1. 杂交牛

品种组合可选择西本、夏本、利本等，其杂交后代牛特点为增重快、肉质好。

2. 国内培育品种或地方品种

可选择国内培育品种，其特点是体型较大，增重快，

肉质较好；选择地方品种育肥，其特点为肉质较好。

## 二、个体选择

### (一) 育肥牛个体选择

选择育肥牛时要根据年龄、体重、性别和体型外貌特点，进行综合选择。根据不同牛品种标准，一个批次内选择年龄和体重相近，体型匀称，健康状况良好的个体。

公牛生长发育快，生产低脂牛肉时应优先选择。相反，如果生产高脂牛肉、雪花牛肉，则以阉牛为宜，母牛次之。阉牛在育肥后期沉积脂肪的能力优于公牛和母牛。如果选用架子牛进行育肥，应在 3~6 月龄时去势，这样可以减少应激，显著提高出肉率和肉的品质。

在选择架子牛时，应注重外貌和体重。肉牛外貌要求发育良好、骨架大、胸宽深和背腰长宽直等。一般情况下，1.5~2 岁牛的体重应在 300kg 以上，四肢与躯体较长的架子牛，生长发育潜力较大。背腰平直的牛，发育能力强；皮肤松弛柔软、被毛柔软致密的牛，肉质良好；发育虽好但性情暴躁的牛，管理起来比较困难，不建议选用；体质健康、10 岁以上的老牛，采用高营养日粮育肥 2~3 个月，也可获得较好的经济效益，但不能采用低营养日粮延长育肥期的方法，否则牛肉质量差，且会增加饲草消耗和人工费用。

### (二) 种牛个体选择

选择种牛时，首先进行系谱审查，查阅所引种牛 3 代以上的系谱档案，选择祖先和亲属表现良好的个体，避免选择有亲缘关系的个体，防止有害基因和遗传病者入选；其次，严格选择个体本身，由于品种内变异，个体间差异大，选择符合品种特征的个体，同时综合考量个体的生长发育，体质外貌和生产性能表现来进行选择。选择符合品种特征，体型匀称，体况适中，生长发育良好，健康无病的个体。选择 2 胎以上母牛的后代。生产性能公牛达 1 级以上，母牛达到 2 级以上品种要求。

1. 选择性状

体型外貌：符合肉牛的外貌特点的基本要求。

体尺体重：包括初生、断奶、周岁、18 月龄等各生长阶段的体尺体重。6 月龄体重公牛一般不低于 140kg，母牛不低于 120kg。

生长发育：主要包括日增重（克/日）、饲料利用率（千克饲料/千克增重）及生长能力（一定时期内所达到的体重）。

产肉性能：包括宰前重、胴体重、净肉重、屠宰率、净肉率、肉脂比、眼肌面积和皮下脂肪厚度等。

繁殖性能：包括受胎率、产犊间隔、发情的规律性、产犊能力以及多胎性。

2. 选择方法

（1）种公牛选择方法

系谱选择：一般采用系谱指数并结合公犊牛本身的生长发育情况进行选择，必须选最优秀的公母牛的后代。

本身表现选择：直接测量其某些经济性状。在环境一致并有准确记录的条件下，与牛群的其他个体进行比较。种公牛的体型外貌主要看其体型大小，全身结构是否匀称，外形和毛色是否符合品种要求，雄性特征是否明显，有无明显的外貌缺陷。

后裔测定：根据公牛女儿的生产性能及外貌评定种公

牛好坏。

旁系选择：根据公牛的兄弟、姐妹、堂表兄妹等同胞个体的生产性能及外貌来确定种公牛好坏。

（2）繁殖母牛选择

单一性状选择法：按顺序逐一选择所要改良的性状，即当第一个性状经选择达到育种目标后，再选择第二个性状，以此类推地选择下去直至全部性状都得到改良。

独立淘汰法：同时选择几个性状，分别规定最低标准，只要有一个性状不够标准的即予淘汰。

综合选择指数法：综合指数是应用数量遗传学原理，将要选择的若干性状的表型值，根据其遗传力、在经济上的重要程度及性状间的表型相关和遗传相关给予不同的适当加权而制订的一个可以使个体间互相比较的数值，根据综合选择指数进行选择。

## 三、引种

### 1. 引种计划制订

在引种前需提前制定好引种计划，考虑引入品种、牛源地区、引种季节、防疫情况，准备好隔离场所等事项。

品种选择应符合当地品种改良规划和养牛生产发展要求，根据牛场的生产方向和生产条件确定引入品种；按照《种畜禽调运检疫技术规范》（GB16567－1996）的要求到肉牛产区引种；引种季节应尽量避开严寒和酷暑，气温低于0℃或高于32℃，不宜引种；在引进牛前对隔离观察场所进行彻底清洗、消毒，准备好所需草料和相关药品。引进的牛必须进行隔离观察，经兽医检疫部门检查确定为健康合格后，方可进入牛场。

2. 牛的运输

运输前牛只检疫按照《种畜禽调运检疫技术规范》进行；运输前对运输车辆、围栏等选用次氯酸盐、有机碘混合物、过氧乙酸、新洁尔灭等消毒液进行消毒；牛群按大小强弱分群。运输车最大装载密度为 360kg/m²。随车需配备有经验的饲养员或兽医人员，以应对突发事件。运输车辆高速公路限速 70km/h，途中采取安全措施，确保人畜安全。

3. 隔离期饲养管理

牛群进入隔离场所当天不喂精料，先供给清洁饮水，并在水里添加抗应激药物，后供给适量青草，用 4~6 天时间逐步过渡。

4. 转群

隔离观察结束，经兽医诊断检查确定健康无病后，即可转入生产群。

5. 资料保存

养殖场（户）需长期保存引进种牛的相关原始资料，以便生产管理查阅参考。

# 第二节　生产性能测定

## 一、生长发育性能测定

生长发育的测定对于肉用牛是必需的，其作用是为牛的早期选择提供依据。早期生长发育不良的个体一般在以后生产性能的表现上也较差，因此要及早淘汰。生长发育的测定性状主要包括各生长阶段直至屠宰时的体尺、体重。

（一）体尺测定

常用的测量工具有测杖、圆形测量器、卷尺。测定体尺时牛应站在平坦的地方，肢势保持端正。测定的体尺指标主要有以下几种。

**体高（鬐甲高）：** 鬐甲顶点至地面的垂直高度。

**体斜长：** 从肩端至臀端的距离，简称体长。

**胸深：** 由鬐甲至胸骨下缘的直线距离（沿肩胛后角量取）。

**胸宽：** 肩胛后角左右两垂直切线间的最大距离。

**胸围：** 肩胛后角量取的胸部周径。

**腰角宽：** 两侧腰角外缘间的直线距离。

**臀端宽（坐骨结节宽）：** 两侧坐骨结节外缘间的距离。

**头长：** 牛自额顶至鼻镜上缘的直线距离。

**最大额宽：** 两侧眼眶外缘间的直线距离。

**管围：** 在左前肢管部上 1/3 最细处量取的水平周径。

（二）体重测定

测定 6、12、18、24、36 月龄的体重时，连续 2 天测定空腹重，取其平均值。犊牛出生后未吃初乳前测定初生重。

## 二、育肥性能测定

（一）育肥始重

预饲期结束，开始正式育肥时，称育肥牛的空腹重。

（二）育肥期日增重

育肥期日增重 =（育肥终重 - 育肥始重）/ 育肥天数。

（三）胴体性状测定

（1）宰前活重：绝食 24h 后临宰时的实际体重。

（2）宰后重：屠宰后血已放尽的牛体重量。

（3）血重：实际称重。

（4）胴体重（冷胴体）：实测重量。由活重 －［血重 ＋ 皮重 ＋ 内脏重（不含肾脏和肾脂肪）＋ 头重 ＋ 腕跗骨关节 以下的四肢重 ＋ 尾重 ＋ 生殖器官及周围脂肪］后的冷却 胴体。

（5）胴体长：耻骨缝前缘至第 1 肋骨前缘的最远距离。

（6）胴体胸深：第 3 胸椎棘突的体表至胸椎下部的垂 直深度。

（7）胴体深：第 7 胸椎棘突的体表至第 7 肋骨的垂直 深度。

（8）胴体后腿围：在股骨与胫腓骨连接处的水平围度。

（9）胴体后腿宽：自去尾处的凹陷内侧至大腿前缘的 水平宽度。

（10）胴体后腿长：耻骨缝前缘至飞节的长度。

（11）肌肉厚度：①大腿肌肉厚　大腿后侧体表至股骨 体中点的垂直距离。②腰部肌肉厚　第 3 腰椎体表（棘突 外 1.5cm 处）至第 3 腰椎横突的垂直距离。

（12）皮下脂肪厚：①腰脂厚　肠骨角外侧脂肪厚度。 ②肋脂厚　12 肋骨弓最宽处脂肪厚度。③背脂厚　在第 5 ～ 6 胸椎间离中线 3cm 处的两侧皮下脂肪厚度。

（13）皮下脂肪覆盖度（拍照记录）：一级　90%；二 级　89% ~76%；三级　75% ~60%；四级　60% 以下。

（14）胴体脂肪：包括肾脂肪、盆腔脂肪、腹膜和胸膜 脂肪。

（15）非胴体脂肪：包括网膜脂肪、胸腔脂肪、生殖器 脂肪。

（16）消化器官重（无内容物）：包括食道、胃、小肠、

大肠、直肠。

（17）其他内脏重（分开称）：心、肝、脾、肺、肾、胰、气管、横膈膜、胆囊（包括胆汁）、膀胱（空）。

（18）眼肌面积：第 12 肋骨后缘处，将脊椎锯开，然后用利刀切开 12～13 肋骨间，在 12 肋骨后缘用硫酸纸将眼肌面积描出（测 2 次），用求积仪或用方格透明卡片（每格 1cm）计算出眼肌面积。肉脂比：取 12 肋骨后缘断面、测定其眼肌最宽厚度和上层的脂肪最宽厚度之比。

（19）背膘厚：在 12～13 胸肋间的眼肌横切面处，从靠近脊柱的一端起，在眼肌长度的 3/4 处，垂直于外表面测量背膘厚度。

（20）屠宰率：胴体重与宰前活重之比。

（21）净肉率：胴体剔骨后，称量全部肉重。净肉率 =（净肉重/宰前重）×100%。

（22）肉骨比：胴体剔骨后，称量全部骨头（要求骨头带肉不超过 2～3kg）。肉骨比 =（骨重/净肉重）×100%。

（23）胴体产肉率：净肉重与胴体重之比。

## 第三节　体况评分

肉牛体况评分（BCS）又称膘情评定，是近年来推行的一套评价牛体营养状况或体脂肪沉积量的新方法。它可以估计牛的体脂储备和能量平衡，是推测牛群生产力，检验和评价饲养管理水平的一项重要指标，可帮助肉牛养殖场（户）技术人员评估在某时间段内牛的饲养效果，作为调整日粮配方及饲喂量的重要依据之一。

体况评分观察的关键部位为：牛的腰至尾根的背线部

分，包括腰角、臀角和尾根，通过按压腰椎部的肌肉丰满程度和脂肪覆盖程度进行评分。较常用的 BCS 体系是美国、加拿大等国家采用的 9 分制体况评分系统，分值高低与牛体的肥胖度呈正相关。母牛理想的体况评分应该达到 5 分或 6 分。

虚弱型（1 分），母牛极其消瘦，棘突、横突、臀骨或肋骨处触之无肉，尾根周围和肋骨凸出极其明显。

营养不良型（2 分），母牛仍表现一定程度的虚弱，但尾根周围和肋骨凸出不是很明显，个别棘突仍然很尖并可触摸到，但肋骨背部有部分被脂肪覆盖。

纤瘦型（3 分），单个肋骨仍清晰可见，但触摸无特别尖的感觉。棘突和尾根周围有明显的、可触摸到的脂肪。肋骨的背部有部分被脂肪覆盖。

临界型（4 分），单个肋骨不再清晰可见，可触摸到每个棘突，但触之无尖的感觉，而是圆突感。肋骨、横突和髋骨覆盖有一些脂肪组织。

中等型（5 分），通常母牛整体外貌良好，肋骨处脂肪触之有弹性，尾根周围可触摸到脂肪层。

中等偏上型（6 分），此时要触摸到棘突须使劲下压，肋骨和尾根周围能触摸到大量的脂肪。

优良型（7 分），母牛体型显丰满，有大量脂肪。肋骨和尾根周围覆盖有很多弹性脂肪组织。外阴部和胯部长有脂肪。此时"发胖"初见端倪。

肥胖型（8 分），母牛特别丰满，营养过剩，几乎触摸不到棘突。肋骨、尾根周围和外阴下处有大量的脂肪沉积。"球状"或"玉米饼状"脂肪明显。

过度肥胖型（9 分），母牛明显过肥，身体不协调，显

得笨重。尾根周围和髋骨覆盖有厚厚的脂肪组织，"球状"或"玉米饼状"样脂肪突出。骨架不再可见，且几乎不能触摸到。母牛的运动能力因大量的脂肪沉积而大大削弱。

# 第四节 选配技术

肉牛的选配是指在牛群内根据牛场育种目标有计划地为母牛选择最适合的公牛，或为公牛选择最适合的母牛进行交配，使其产生基因型优良的后代。

选配的原则和方法如下：

（1）选配种公牛等级要高于母牛。针对每头母牛本身的特点选择出优秀的配种公牛，也就是说，选配公牛必须经过后裔测定，而且产乳量、乳脂率、外貌的育种值或选择指数要高于母牛。

（2）避免近亲选配。一般情况下，三代以内有亲缘关系的公母牛，不进行交配。近亲交配可能造成后代生活力下降，适应能力差，体质和抗病能力差，生长发育不良，甚至还可能造成孕牛的死胎、流产和胎儿畸形。三代以内有亲缘关系的公母牛，即便是选种效果都好，也不要交配繁殖。

（3）搞好品质选配。品质选配可分为同质选配和异质选配。同质选配是选择在体型外貌、生产性能或其他经济性状上相似的优秀公、母牛交配。其目的在于获得与双亲品质相似的后代，以巩固和加强他们的优良性状。同质选配的作用主要是稳定牛群优良性状增加纯合基因型的数量，但同时亦有可能提高有害基因同质结合的频率，把双亲的缺点也固定下来，从而导致适应性和生活力下降。异质选配是选择在体型外貌、生产性能或其他经济性状上不同的优秀公、母肉牛交配。其目的是选用具有不同优良性状的公、母牛交配，结合不同优点，获得兼有双亲优良品质的后代。异质选配的作用在于通过基因重组综合双亲的优点或提高某些个体后代的品质，丰富牛群中所选优良性状的遗传变异，因此具有相同缺点或相反缺点的公、母牛不予选配，否则可能加重缺陷。具有优异性能的母牛可进行同质选配；欠优母牛在特殊育种目的时可进行异质选配；改良到一定程度的牛群，不与本地公牛或低代公牛配种。

（4）尽量避免用太幼或过老的公母牛交配。选配时，要本着"壮年配壮年、壮年配青年"的原则，进行恰当配对。

（5）充分利用杂交优势。不同品种的公、母牛交配，能显示出优越的杂交优势，所产犊牛生长发育快，适应性强，易饲养，而且役用性能好。目前我国采用较多的是西门塔尔牛、蜀宣花牛、利木赞牛、安格斯牛等改良当地黄牛效果较好。

## 第五节　纯种繁育与杂交改良

我国肉牛品种繁多，利用杂交优势提高牛肉产量的可能性很大。一些肉牛业发达的国家都有计划地开展品种间杂交利用，以提高肉牛生产效率。而肉牛纯种生产性能的提高和改进是杂交利用的基础，因此做好纯种牛的本品种选育提高工作也是非常必要的。

种群选配有两种基本类型，即纯种繁育和杂交。纯种繁育是在同一种群范围内，通过选种选配、品系繁育、改善培育条件等措施，以提高种群性能的一种方法。当一个种群的生产性能基本能满足经济生产需求，不必做大的方向性改变时，可使用此方法以保持和发展一个种群的优良特性，增加种群内优良个体的比重，同时，克服种群的某些缺点，达到保持种群纯度和提高种群质量的目的。纯种繁育一般用于优良地方品种和引进优良品种的提高，地方品种的保护和杂交种的横交固定。杂交是具有差异的群体（不同品种或不同种间）的个体间的交配，在肉牛生产中是广泛采用的方法。杂交可以用来培育新品种，也可以对原有品种进行改良或创造杂交优势。由于杂交能改变牛的基因型，扩大了杂种牛的遗传变异幅度，增强了后代的可塑性，有利于选种育种，许多肉牛品种都是在杂交的基础上培育成功的。

为提高区域肉牛群体的育肥性能，可适当引入一些优秀肉牛品种，选择不同的杂交组合对当地牛群进行杂交改良，以获得较高的经济效益。

1. 二元杂交

适用于未经改良的区域。杂交组合示例如下：

西门塔尔牛（♂）×本地黄牛（♀）

皮埃蒙特牛（♂）×本地黄牛（♀）

安格斯牛（♂）×本地黄牛（♀）

2. 三元杂交

适用于有改良基础的区域。杂交组合示例如下：

产肉率高：

夏洛来牛（♂）×西杂牛或培育品种（♀）

皮埃蒙特牛（♂）×西杂牛或培育品种（♀）

肌间脂肪高：

利木赞牛（♂）×西杂牛或培育品种（♀）

安格斯牛（♂）×西杂牛或培育品种（♀）

# 第五章  肉牛高效繁殖技术

## 第一节  肉牛生殖器官和生理机能

### 一、生殖器官

#### （一）母牛的生殖器官

了解母牛的生殖器官解剖结构和相对位置，对熟练掌握人工授精技术，准确掌握输精部位和提高繁殖成绩具有重要意义。母牛的生殖器官包括卵巢、输卵管、子宫、阴道、尿生殖前庭、阴唇和阴蒂等。见图5-1、图5-2。

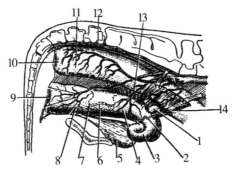

图5-1  母牛生殖器官位置关系

1. 卵巢  2. 输卵管  3. 子宫角  4. 子宫体  5. 膀胱  6. 子宫颈管
7. 子宫颈阴道部  8. 阴道  9. 阴门  10. 肛门  11. 直肠  12. 荐中动脉
13. 子宫中动脉  14. 子宫阔韧带

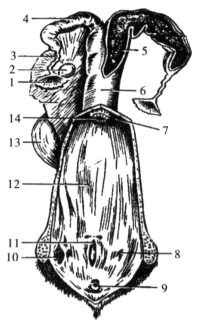

图 5 - 2　母牛的生殖器官（背侧面）

1. 输卵管伞　2. 卵巢　3. 输卵管　4. 子宫角　5. 子宫黏膜　6. 子宫体
7. 阴道穹窿　8. 前庭大腺开口　9. 阴蒂　10. 剥开的前庭大腺　11. 尿道口
12. 阴道　13. 膀胱　14. 子宫颈口

　　母牛的卵巢长 2 ~ 3 cm，宽 1.2 ~ 2.0 cm，厚 1 ~ 1.5 cm，
呈扁椭圆形，附着在卵巢系膜上，位于子宫颈尖端外侧。
从阴唇开始由后至前，依次是尿生殖前庭、阴道、子宫等。
生殖前庭长约 10 cm，阴道全长 22 ~ 28 cm；子宫分子宫颈、
子宫体和子宫角三部分，子宫颈长 5 ~ 10 cm，子宫体长 3 ~
4 cm，子宫角长 20 ~ 40 cm。生殖前庭长度 + 阴道长度 + 子宫
颈长度共长 37 ~ 48 cm（平均长约 42 cm）。

　　（二）公牛的生殖器官

　　公牛的生殖器官机能是产生活的性细胞（精子）使卵

子受精。公牛的生殖器官由睾丸、附睾、副性腺，输精管、尿生殖道、阴茎、包皮及阴囊等组成。见图5-3。

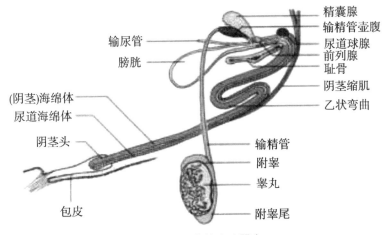

输尿管
膀胱

(阴茎)海绵体
尿道海绵体

阴茎头

包皮

精囊腺
输精管壶腹
尿道球腺
前列腺
耻骨
阴茎缩肌
乙状弯曲

输精管
附睾
睾丸

附睾尾

图5-3　公牛的生殖器官

睾丸：一对且相互对称，出生后不久便从体内移至阴囊。阴囊使睾丸的温度维持比正常体温低4~5℃，由阴囊壁肌肉的收缩或松弛来维持。在寒冷的环境，睾丸就被收缩靠近身体，在温暖的环境肌肉就松弛。睾丸的其他生理特点是位于精细管之间的间质细胞。这种细胞分泌维持雄性生殖道机能、产生第二性征和影响性欲冲动的睾酮。睾酮的分泌又受垂体前叶分泌的促黄体素调节，而其他的垂体前叶促性腺激素促卵泡素则直接刺激睾丸精子发生的机能。

附睾：非常卷曲的单管，长30m以上，它是由紧靠睾丸的头、体、尾三个部分所组成。

输精管：输精管是进入膀胱附近的骨盆尿道的管道，输精管壁含有纵肌和环肌，在射精时不随意地收缩，借以排出精子。每条输精管在骨盆部扩大形成壶腹部结构。壶腹部含有许多腺体，便于精子聚集。

尿道和阴茎：2 个壶腹部在公牛的骨盆部进入尿道。尿道接受副性腺的分泌物并作为尿的排泄管。精子于射精时在尿道与副性腺分泌的精清混合。

副性腺：副性腺包括输精管的壶腹部、精囊、前列腺和尿道球腺。能够分泌富含精子生活所必需的营养物质的"精清"，为从睾丸运输精子至母牛阴道提供必要的媒质。

## 二、生理机能

（一）母牛发情及排卵周期生理变化模式

1. 发情前期

卵巢内黄体萎缩，有新滤泡发育，卵巢渐增大，开始分泌雌激素，生殖器官开始充血，黏膜增生，子宫颈口稍有增大。在此期间，母牛尚无性欲表现，此期 12～17h。

2. 发情期

滤泡迅速发育，雌激素分泌增多，阴唇肿胀，生殖器官充血、黏膜及腺体分泌增多，但从阴道流出的黏液不多且稀薄，牵缕性差，子宫颈口开放，此期 8～10h。发情盛期母牛接受爬跨，交配欲强烈，阴道黏液显著增多，流出后如玻璃样，有高度的牵缕性，极易粘于尾、飞节等处。子宫颈红润开张。一侧卵巢增大，有突出于表面的滤泡，直径1cm左右，触之波动性较差。发情末期母牛逐渐转入平静，不再接受爬跨。阴道黏液减少黏稠度，牵缕性差。滤泡增大至1cm以上，波动明显。发情后期母牛安静，无发情表现。卵巢排卵，黄体出现，并分泌孕酮，此期 3～4 天。

3. 休情期

母牛精神状态恢复正常。周期黄体逐渐萎缩退化，新滤泡开始发育，又开始下一次发情周期。此期的长短，常决定发情周期的长短，一般为 12～15 天。

（二）精子发生及射精过程

1. 精子发生过程

精子是由睾丸内精细管的生殖细胞经 2 次减数分裂而产生。公牛的精细管长约 4.8km，构成睾丸的主要部分。成年公牛的睾丸平均每周产生 70 亿个精子。精子形成以后，沿着精细管输送到较大的细管——睾丸网。精子就从这里离开睾丸的顶部进入附睾头部。精子在通过附睾期间就成熟，所以当其到达附睾尾部时，已有授精能力并准备射精。公牛的精子从形成直至到达附睾尾部的时间约为 8 周。

2. 射精过程

射精是由附睾和输精管的肌肉收缩发生的，使精子通过骨盆尿道排入阴茎。同时，以精子和精清 1:4 的比例进行混合，形成精液。每次射精的精子数为 50 亿～200 亿个，受到公牛及其射精前的性准备程度影响，每次射出的精子数不超过所产精子的 50%，未射出的精细胞可能在尿中失去，也可能在附睾被重新吸收。

## 第二节　肉牛的繁殖规律

### 一、性成熟与初配年龄

（一）性成熟

性的成熟是一个过程，当公、母牛发育到一定年龄，肉牛繁殖生殖机能达到了比较成熟的阶段，就会表现出性行为和第二性征，特别是能够产生成熟的生殖细胞。在这期间进行交配，母牛能受孕，即称为性成熟。因此性成熟的主要标志是能够产生成熟的生殖细胞，即母牛开始第一次发情并排卵，公牛开始产生成熟精子。肉牛繁殖达到性成熟的年龄，由于牛的种类、品种、性别、气候、营养以及个体间的差异而有不同，如培育品种的性成熟比原始品种早，公牛一般为9个月，母牛一般为8~14个月。

（二）初配年龄

后备牛进入初情期（第一次发情），表明具备了繁殖后代的能力，但此时后备牛生殖器官结构和功能尚未完善，骨骼、肌肉和各内脏仍处于快速生长阶段，如果此时配种，不仅会影响其本身的正常发育和生产性能，还会影响到犊牛的健康。因此，母牛通常16~20月龄，体重占成年体重的60%~70%时才能配种；公牛通常18~20月龄，体重占成年体重的60%~70%时才能配种。

二、发情与配种

（一）发情表现

母牛发情时其行为特征和生理特征具有明显变化，主要表现为行为变化、生殖道变化和卵巢变化。

1. 行为变化

爬跨现象：发情母牛有爬跨或被爬跨现象，特别在发情盛期，当发情牛被爬跨时，常静立不动，愿意接受交配；

一般行为变化：眼睛充血有神；兴奋不安；鸣叫，食欲减退甚至拒食；排尿次数增多，产奶量下降。

2. 生殖道变化

阴户变化：充血肿胀，流出黏液，发情初期，黏液稀薄量少；盛期黏液量增加，黏度增高，牵拉 6~8 次不断；

阴道出血：在发情后期有 90% 的育成牛和 50% 的成年牛有从阴道排出少量血液的现象。据研究，在输精后第二天出现流血的母牛受胎率最高。

3. 直肠检查

发情初期，卵泡出现期，直径 0.5~0.75cm，波动不明显；发情盛期，卵泡增加到 1~1.5cm 时，呈小球状，波动明显；排卵后成为一个小窝，排卵后 6~8h，黄体开始生长小窝被黄体填平。

（二）适时配种

（1）根据发情时间：母牛发情开始后 12~18h 或母牛停止发情（拒绝爬跨）后 8h 内为最适输精时间。也可上午发情下午输精，下午发情次日上午输精。

（2）根据母牛黏液变化：母牛阴道流出的黏液呈半透明、黏稠性差，牵丝较短、乳白色、似浓炼乳状或烂豆花状时输精为宜。

（3）根据卵泡发育情况：卵泡壁薄，波动明显，有一触即破之感时输精。若 8~12h 后卵泡仍未破裂可再输精一次。

（4）一个发情期内两次输精间隔时间为 8~12h。

三、妊娠与分娩

（一）妊娠生理变化

1. 内分泌变化

妊娠期间内分泌系统发生明显改变，各种激素协调平

衡以维持妊娠。参与协同调控的主要激素包括：雌激素、
孕激素和促性腺激素三类。

雌激素：较大的卵泡和胎盘分泌少量的雌激素，但维
持在最低水平。到妊娠 9 个月时分泌增加，分娩前分泌明显
增加。

孕激素：在妊娠期间不仅黄体分泌孕酮，肾上腺、胎
盘组织也能够分泌孕酮，血液中孕酮的含量保持不变，直
到分娩前数天孕酮水平才急剧下降。

促性腺激素：在妊娠期间由于孕酮的作用，胎儿在母
体内不断发育，促使生殖系统也发生明显变化。

2. 生殖器官变化

由于生殖激素的作用，胎儿在母体内不断发育，促使
生殖系统也发生明显变化。配种后，黄体成为妊娠黄体继
续存在，并以最大的体积维持存在于整个妊娠期，持续不
断地分泌孕酮，直到妊娠后期黄体才逐渐消退。妊娠期间，
随着胎儿的增长，子宫的容积和重量不断增加，子宫壁变
薄，子宫腺体增长、弯曲，子宫括约肌收缩、紧张，子宫
颈分泌的化学物质发生变化，分泌的黏液稠度增加，形成
子宫颈栓，把子宫口封闭。子宫韧带中平滑肌纤维及结缔
组织增生变厚，由于子宫重量增加，子宫下垂，子宫韧带
伸长。子宫动脉变粗，血流量增加，在妊娠中、后期出现
妊娠囊脉搏。阴道黏膜变苍白，黏膜上覆盖经子宫颈分泌
的浓稠黏液。阴唇收缩，阴门紧闭，直到分娩前变为水肿
而柔软。

3. 体况

初次妊娠的青年母牛，在妊娠期仍能正常生长。妊娠
后新陈代谢旺盛，食欲增加，消化能力提高，所以母畜的

营养状况改善，体重增加，毛色光润。血液循环系统加强，脉搏、血流量增加，供给子宫的血流量明显增大。

（二）妊娠诊断

在母牛的繁殖管理中，妊娠诊断有着重要的经济意义，尤其是早期诊断可减少空怀，增加产奶量，提高繁殖率。妊娠诊断方法虽然很多，目前在生产实践中应用的主要有外部观察法、直肠检查法、超声波诊断法和孕酮水平测定法等 4 种。

1. 外部观察法

妊娠最明显的表现是发情周期停止，配种后 18～24 天不再发情；食欲增加，被毛光亮，性情温顺，行动谨慎；到 5 个月后，腹围出现不对称，右侧腹壁突出，乳房逐渐发育。外部观察法通常作为一种辅助的诊断方法。

2. 直肠检查法

直肠检查法是判断是否妊娠和妊娠时间的最常用且最直接可靠的方法。有经验的人员在母牛配种后 40～60 天就能作出判断，准确率高达 90% 以上。

母牛配种后 21～24 天，在排卵侧卵巢上，存在有发育良好，直径为 2.5～3cm 的黄体，90% 是怀孕了。配种后没有怀孕的母牛，通常在第 18 天黄体就消退，因此，不会有发育完整的黄体。但胚胎早期死亡或子宫内有异物也会出现黄体，应注意鉴别。

妊娠 30 天后，两侧子宫大小不对称，孕角略为变粗，质地松软，有波动感，孕角的子宫壁变薄，而空角仍维持原有状态。用手轻握孕角，从一端滑向另一端，有胎膜囊从指间滑过的感觉，若用拇指与食指的指肚轻压子宫角，可感到子宫壁内有一层薄膜滑过。

妊娠60天后，孕角明显增粗，相当于空角的2倍左右，波动感明显，角间沟变得宽平，子宫开始向腹腔下垂，但依然能摸到整个子宫。

妊娠90天，孕角的直径为12～16cm，如胎儿头大小，波动极明显；空角增大了1倍，角间沟消失，子宫开始沉向腹腔，初产牛下沉要晚一些。子宫颈前移，有时能摸到胎儿。孕侧的子宫中动脉根部有微弱的震颤感（妊娠特异脉搏）。

妊娠120天，子宫全部沉入腹腔，子宫颈已越过耻骨前缘，一般只能摸到子宫的背侧及该处的子叶（如蚕豆大小），孕侧子宫动脉的妊娠脉搏明显。

3. 超声波诊断法

超声波诊断法是利用超声波的物理特性和不同组织结构的声学特性相结合的物理学妊娠诊断方法。国内外研制的超声波诊断仪有多种，是简单而有效的检测仪器。目前，国内试制的有两种：一种是用探头通过直肠探测母牛子宫动脉的妊娠脉搏，由信号显示装置发出的不同的声音信号，来判断妊娠与否；另一种，探头自阴道伸入，显示的方法有声音、符号、文字等形式。重复测定的结果表明，妊娠30天内探测子宫动脉反应，40天以上探测胎心音可达到较高的准确率。但有时也会因子宫炎症、发情所引起的类似反应干扰测定结果而出现误诊。

在有条件的大型牛场也可采用较精密的B型超声波诊断仪。其探头放置在右侧乳房上方的腹壁上，探头方向应朝向妊娠子宫角。通过显示屏可清楚地观察胎泡的位置、大小，并且可以定位照相。通过探头的方向和位置的移动，可见到胎儿各部的轮廓、心脏的位置及跳动情况、单胎或双胎等。在具体操作时，探头接触的部位应剪毛，并在探头上涂以接触剂（凡士林或液状石蜡）。

4. 孕酮水平测定法

根据妊娠后血中及奶中孕酮含量明显增高的现象，用放射免疫和酶免疫法测定孕酮的含量，判断母牛是否妊娠。由于收集奶样比采血方便，目前测定奶中孕酮含量的较多。研究表明，在配种后 23 ~ 24 天取的牛奶样品，若孕酮含量高于 5ng/ml 为妊娠，而低于此值者为未孕。本测定法判断怀孕的阴性诊断的可靠性为 100%，而阳性诊断的可靠性只有 85%，因此，建议再进行直肠检查予以证实。

5. 妊娠诊断中的常见错误

（1）胎膜滑落感判断错误：当子宫角连同宽韧带一起被抓住时就会误判胎膜滑落感；当直肠折从手指间滑落时同样会发生错误。

（2）误认膀胱为怀孕子宫角：膀胱为圆形器官而不是管状器官，没有子宫颈也没有分叉。分叉是子宫分成两个角的地方。正常时在膀胱顶部中右侧摸到子宫。膀胱不会有滑落感。

（3）误认瘤胃为怀孕子宫：因为有时候瘤胃挤压着骨盆，这样非怀孕子宫完全在右侧盆腔的上部。如摸到瘤胃，其内容物像面团，容易区别。同时也没有胎膜滑落感。

（4）误认肾脏为怀孕子宫角：如仔细触诊就可识别出叶状结构。此时应找到子宫颈，看所触诊器官是否与此相连。若摸到肾叶，那就既无波动感，也无滑落感。

（5）阴道积气：由于阴道内积气，阴道就膨胀，犹如一个气球，不细心检查可误认它是子宫。按压这个"气球"，并将母牛后推，就会从阴户放出空气。排气可以听得

见，并同时可感觉得出气球在缩小。

（三）胎儿生长发育规律

1. 胎膜和胎盘的生理结构

胎膜是胎儿本体以外包被着胎儿的几层膜的总称，是胎儿在母体子宫内发育过程中的临时性器官，其主要作用是与母体间进行特质交换，并保护胎儿的正常生长发育。卵黄膜存在时间很短；羊膜在最内侧，环绕着胎儿，形成羊膜腔内的羊水；最外层为绒毛膜。三层膜相互紧密接触形成了尿膜羊膜、尿膜绒毛膜和羊膜绒毛膜。尿膜羊膜和尿膜绒毛膜共同形成尿膜腔，内有尿水。羊膜腔内的羊水和尿膜腔内的尿水总称为胎水，保护胎儿的正常发育，防止胎儿与周围组织或胎儿本身的皮肤互相粘连。

胎盘通常是指尿膜绒毛与子宫黏膜发生联系所形成的特殊构造，其中尿膜绒毛膜部分为胎儿胎盘，子宫黏膜部分为母体胎盘。胎盘上有丰富的血管，是极其复杂的多功能器官，具有特质转动、合成、分解、代谢、分泌激素等功能，以维持胎儿在子宫内的正常发育。牛的胎盘为子叶型胎盘，胎儿子叶上的绒毛与母体子叶上的腺窝紧密契合，胎儿子叶包着母体子叶。

2. 胚胎的发育与附植

受精卵形成合子后，卵裂球不断进行分裂增殖，先后经过桑葚胚、囊胚、扩张囊胚等阶段，最后从透明带中孵出，形成泡状透明的胚泡。初期的胚泡在子宫内活动受限，在子宫中的位置逐渐固定下来，并开始与子宫内膜发生组织上的联系，逐渐附植着床在子宫黏膜上。牛受精后一般 20～30 天开始着床，着床紧密的时间为受精后 60～75 天。胚泡由 2 部分细胞组成，一部分在胚泡的顶端聚集成团，发育成为胚体；另一部分构成胚泡壁，覆盖胚体成为胚泡的外膜，最终形成胎膜和胎儿胎盘。

（四）分娩与接产

提前准备好接产及助产所必需的碘酒、高锰酸钾、干毛巾、消毒的剪刀、结扎脐带用的丝线等用具和消毒药品。母牛分娩时，先检查胎位是否正常，遇到难产及时助产。胎位正常时尽量让其自由产出，不强行拖拉。胎儿头、鼻露出后如羊膜未破，可用手扯破，同时应避免羊水或黏液被犊牛吸入鼻腔。犊牛产出后，要立即用毛巾或布片将犊牛鼻腔和口腔的黏液擦净，确保犊牛呼吸畅通。如果发生难产，应先将胎儿顺势推回子宫，矫正胎位，不可硬拉。倒生时，应及早拉出胎儿，以免造成胎儿窒息死亡。如果犊牛已吸入黏液而造成呼吸困难时，可用手轻轻拍打犊牛胸部，促其呼吸；严重者，可提起犊牛两后肢，用力拍打犊牛胸部，使其吐出黏液，以便犊牛迅速恢复正常呼吸。

犊牛出生后科学断脐可避免新生犊牛脐带炎的发生。犊牛出生后如果脐带未断或太长，应将脐内血液向脐部挤，在离脐带孔 10～15cm 处用 5%～10% 的碘酒消毒，在 10～12cm 处用消毒过的剪刀剪断，并将脐带里面的血污挤出，然后结扎和消毒脐带断端，直到脐带干燥时停止消毒。

断脐后用已消毒的软抹布擦拭牛体，加强血液循环；也可将犊牛放在母牛前面任其舔干犊牛身上的羊水、黏液。由于母牛唾液酶的作用容易将黏液清除干净，利于犊牛呼吸器官机能的提高和肠蠕动，而且犊牛黏液中含有某种激素，能加速母牛胎衣的排出。

### 四、初生犊牛的护理

(一) 及时哺喂初乳

初乳是指母牛分娩后 7 天内所分泌的乳汁。初乳对犊牛有特殊的生理意义，是初生犊牛不可缺少和替代的营养品。初乳为犊牛提供丰富而易消化的营养物质，初乳黏性大，溶菌酶含量和酸度高，可以覆盖在犊牛真胃肠壁上，防止细菌的入侵和抑制细菌的繁殖；初乳中含大量的免疫球蛋白，可帮助犊牛建立免疫反应。犊牛出生 1～2h 内哺喂初乳，第一次哺喂量不得低于 1.5kg，初乳每日每头的哺喂量应占体重的 10% 左右，分 3 次供给，牛奶保持温度 38℃。

(二) 哺喂常乳

常乳哺喂有人工哺喂法和保姆牛哺乳法两种。

1. 人工哺乳

初乳饲喂 4～5 天后逐渐改为饲喂常乳。每日奶量分 2～3 次喂给。每次喂奶最好在挤完乳后立即进行。做到定时、定量、定温饲喂。70～90 日龄断奶，全期用奶量为 250～300kg。

2. 保姆牛哺育法

是指犊牛直接随母牛哺乳，对于泌乳量较高的母牛，一头保姆牛一般可哺喂 2～4 头犊牛。该法的优点是方便，节省人力和物力，易管理，犊牛能吃到未污染且温度适宜的牛乳，消化道疾病少。不足之处在于母牛产奶量不易统计，犊牛间哺乳量不一致，造成犊牛发育不整齐，母牛的疾病易传染给犊牛。采用该法时，注意以下方面：选择健康的母牛作为保姆牛，及时测定犊牛的生长发育情况，注意给母牛催乳，保证母牛的泌乳量。

（三）早期补饲植物性饲料，刺激瘤胃发育

1. 补饲干草

犊牛出生 7 天后开始训练采食青干草，任其自由采食。其方法是将优质干草放于饲槽或草架上。

2. 补喂精料

犊牛出生一周后即可训练采食精料，精料应适口性好，易消化并富含矿物质、微量元素和维生素等。其方法是在喂奶后，将饲料抹在奶盆上或在饲料中加入少量鲜奶，让其舔食。喂量由少到多，逐渐增加，以食后不拉稀为原则，当能吃完 100g/天时，每日精料量分两次喂给。1 月龄时达 100g 左右，2 月龄时达 500g 左右，3 月龄时达 1 000g 左右。

3. 补喂青绿多汁饲料

犊牛出生 20 天后可补喂青绿多汁饲料，如胡萝卜、瓜类、幼嫩青草等，开始每天 20g，后逐渐增加，2 月龄时可达 1.5～2kg。

4. 青贮饲料

2 月龄后补充青贮饲料，开始 100g/天，3 月龄达 1.5～2kg。

（四）犊牛的早期断奶

犊牛早期断奶是提高母牛繁殖率的措施之一。根据犊牛瘤胃发育特点，通过缩短哺乳期，减少喂奶量，促使犊牛提前采食饲料。这样既增强了犊牛消化机能，提高采食粗饲料的能力，又能减少犊牛食奶量，节省鲜奶，降低了饲养成本；同时，瘤胃的提前发育可减少消化道疾病的发病率，大大提高犊牛成活率。

国外早期断奶犊牛的哺乳期只有 3～5 周，喂奶量一般控制在 100kg 以内。我国一些大型母牛场也在早期断奶方面做了一些试验，把犊牛的哺乳期由 6 个月缩短到 70～90 天，

从而取得很好的经济效益。

犊牛早期断奶,就是在犊牛出生后最初几天喂给初乳,一周后改喂常乳,并开始训练犊牛采食代乳料,任其自由采食,并提供优质干草,当每天可吃到1kg左右的代乳料时,就可断奶。

根据我国目前乳牛饲养的实际情况,乳用犊牛总喂乳量300kg以下,2~3月龄断奶,可视为早期断奶。

为达到早期断奶的目的,应严格控制犊牛喂奶量,同时及早补饲。犊牛2月龄断奶方案设计如下:

出生后1h内,喂1.4~1.8kg第一次挤出的初乳;

1周龄前,日喂乳3~4.5kg,分3次喂;

1~5周龄,日喂乳4.5kg,分2次喂;

6~7周龄,日喂乳3.5kg,分2次喂;

8周龄,日喂乳2kg,1次喂给;

断奶前4日,日喂乳2kg,晚上1次喂。

从1周龄开始饲喂犊牛开食料、干草和饮水,喂量逐渐增加。当犊牛一天能吃0.75~1.0kg干饲料时,即可断奶。2月龄断奶时,喂乳总量可控制在200~250kg。

犊牛断奶后,应继续喂开食料至3月龄,日喂料控制在1.0~2.0kg。3月龄以后,才换成育成牛日粮。

(五)断奶至六月龄饲养

犊牛断奶后继续供给补饲时的精料,每日1kg左右,自由采食粗饲料,尽可能饲喂优质青干草,日增重控制在600g左右。

(六)日常护理

1.搞好卫生工作

包括哺乳卫生、牛栏卫生和牛体卫生。哺喂犊牛的牛奶和草料应清洁、新鲜，禁止饲喂变质的奶和草料。饲喂要做到三定（定时、定量、定质），饲喂的奶温度应保持在32～38℃，喂后用干净的毛巾将犊牛口边的残奶、残料擦净，防止犊牛的舐癖。饲喂用具在使用前后需进行清洗和清毒。犊牛栏勤打扫，保持犊牛栏和垫草的清洁、干燥，定期消毒牛栏、牛舍。每天定时刷拭牛体，保证牛体清洁。

2. 保温和通风良好

犊牛舍冬季要尽可能保温；使舍内阳光充足、通风良好、空气新鲜，但注意防止贼风、穿堂风；夏季防暑。

3. 运动和调教

温暖季节犊牛2周后、寒冷季节犊牛1月龄后可放出舍外，任其自由活动。饲养员要经常抚摸、梳刷牛体，实现人畜亲和，培养其温顺的性格，便于饲养管理。

4. 饮水

保证供给犊牛清洁的饮水，喂奶期犊牛用32～38℃清洁饮水，以2份奶，1份水混匀饲喂，2周后改为饮用常温水。1月龄后，除混入奶中饲喂外，还应在犊牛栏内或活动场所设置饮水槽，供给充足的清洁饮水。

5. 生长发育测定和编号

犊牛出生后和6月龄时要进行编号、称重和测量体尺等工作，建立健全档案资料，便于查询和及时掌握生长发育情况，改进调整饲喂方案。

6. 穿鼻、去角和剪去副乳头

犊牛断奶后，在6～12月龄时应根据饲养的需要适时进行穿鼻，并带上鼻环，尤其是留作种用的更应如此。鼻环应以不易生锈且坚固耐用的金属制成，穿鼻时应胆大心细，将牛保定好，一只手的两个手指摸在鼻中隔的最薄处，另

一只手持穿鼻器或大号套管针用力穿透即可。犊牛出生5～7天后采用电烙铁去角并剪去副乳头。

## 第三节　人工授精技术

### 一、采精

（一）开采月龄和采精频率

肉用公牛正常的开采月龄一般为18月龄。18～24月龄的公牛，身体及睾丸发育尚未完全成熟，射精量少，2～5mL/次，密度为5亿～8亿，一般每周采精一次；2～5岁的种公牛身体及睾丸发育完全成熟，是产生精子最佳时期，一般每周采精两次，每次2回；对于5岁以上的种公牛，由于体质减弱，睾丸生精机能也开始退化，可根据具体情况确定采精次数。

（二）采精前假阴道的准备

假阴道的准备需要三个要素：温度、压力、润滑度。温度是指灌水后假阴道内的温度，一般为38.5℃左右。对于经过长期采精的种公牛，温度可提高1～2℃，增强对阴茎的刺激，容易采精。对于压力虽没有具体的标准，应根据个体牛的具体情况掌握，一般初采的公牛压力小一些，随着采精月龄的增加压力可适当增大，以增加对公牛阴茎的刺激。润滑剂主要由凡士林和液状石蜡混合而成，比例为4:1左右，冬季环境温度低，润滑剂易凝固，可适当增加液状石蜡的比例，涂润滑剂深度距假阴道开口2/3，要求薄而均匀，防止润滑剂流入精液中。

（三）包皮消毒及采精前的性准备

采精前要用0.2%的高锰酸钾水冲洗包皮，冬季用温水。

冲洗包皮后，导牛员和采精员要密切配合，作好公牛采精前的性准备。当公牛表现特殊的性兴奋，渴望接近台牛时，阴茎从包皮中伸出、勃起，排出副性腺冲洗尿道，两前肢抬起，拥抱台牛，这时采精员及时跟上将阴茎偏离台牛后躯，防止公牛阴茎接触台牛后躯，造成阴茎污染或损伤。同时导牛员用力将公牛拉下台牛，连续两次，当公牛再次爬上台牛时，采精员延着阴茎伸出的方向递上假阴道，这时公牛的阴茎充分充血，当阴茎龟头接触到假阴道开口感觉适合时，后肢跳起用力向假阴道内冲插并自然射精，采精员让假阴道集精管端向下，将假阴道缓慢从阴茎上拔出。

**二、制精**

**（一）采精与精液品质检查**

按照牛冷冻精液国家标准的要求选择公牛，并检疫无病。采得的精液，精子活率不低于 0.6，精子密度不低于 8 亿/ml，精子畸形率不超过 15%。

**（二）精液的稀释**

用牛冷冻精液稀释液，以原精液的活率和密度确定稀释的比例。按国家标准，以解冻后每个输精剂量所含直线前进运动精子数不低于：细管（每支）1 000 万个，颗粒（每粒）1 200 万个。

**（三）精液分装**

目前牛冷冻精液多采用 0.25、0.50ml 无毒耐冻的塑料细管。有些大型冷冻站多采用自动细管印字机、自动分装机，还可用手工印字、手工分装机、自制分装机，及用注射器分装精液等方法。细管封口采用聚乙烯醇粉末、钢（塑料）珠或超声波封口等，不论何种封口，管口都要封

严，不能漏进液氮，否则解冻时细管易炸裂。

（四）降温与平衡

将稀释后的精液瓶盖好，置于30℃温水杯中，一起放入冰箱内，或将盛装稀释精液的瓶或细管用6~8层纱布包裹好放入冰箱内，约1h缓慢降温至3~5℃，然后在3~5℃温度下静置、平衡2~4h。

（五）细管精液冷冻

将平衡后的细管精液平铺在纱网上，距液氮面1~2cm处悬置5~10min，最后将合格的冷冻精液移入液氮罐内保存。用纱网可以冷冻颗粒精液，还可以冷冻细管精液，所用的冷冻器具也可以自制。将精液排放在纱网上，最多可冷冻2.5mm细管150支，连接超低温温度计，控制框的升降高度，使冷冻温度控制在-110~-120℃，冷冻1次时间为9min，冷冻效果较好。细管精液的优点是标记鲜明，精液不易混淆；剂量标准，精液不易污染；适于机械化生产，解冻输精方便；适于快速冷冻，精液降温均匀，冷冻效果好，精子复苏率和受胎率高；精子损耗率低；容积较小，便于大量贮存，采用金属输精器，输精时不会折断。缺点是采用2次稀释时，如果没有低温恒温设备，易使精液温度回升，影响冷冻精液质量；如果封口不严，解冻时细管易破裂。因此，必须有优质塑料细管和分装封口、印字及输精等专用设备，成本较高。由于塑料细管精液卫生条件好、精子损耗少、易标记和适于机械化生产等优点。我国多数地区从20世纪80年代开始应用细管冷冻精液，目前已基本完全取代颗粒冻精。

三、精液运输及保存

（1）运输液氮、冻精时，应使用专用运输罐。用车辆运输时应用木箱或其他保护装置加以固定。

（2）冻精要贮存在装有足够液氮的贮存罐中，罐内冻精不得暴露在液氮表面。

（3）从罐内取冻精时，只能将提筒置于罐颈下部用长柄镊夹取冻精，冻精在罐内脱离液氮的时间不得超过10s。

（4）在向另一容器转移冻精时，冻精在空气中暴露的时间不得超过5s。

（5）定期添加液氮，如发现液氮消耗显著增加或容器外壳挂霜后，应立即更换液氮罐。

（6）液氮罐应每年清洗、干燥一次。

**四、输精**

（一）输精前准备

1. 母牛准备

母牛最好保定在输精架内或牛床颈架上进行配种。保定好后，先用1%的新洁尔灭或0.1%的高锰酸钾溶液洗净外阴部，然后用干净的毛巾或纱布擦干。输精时让助手或饲养者将母牛尾巴拉向一侧。

2. 输精器械的准备

（1）各种器械用后先用肥皂水或2%的小苏打水洗刷除去污物，再用温开水冲洗干净。

（2）玻璃、金属器械、胶球（用纱布包好）和布类用蒸汽灭菌30min或干热灭菌。金属和玻璃器械也可用75%的酒精擦拭和吸注消毒，并在酒精火焰上烘干。

（3）输精器经消毒后，再用1%灭菌食盐水或解冻液冲洗后才能吸取精液输精。

（4）输精器用后及时清洗、消毒。每配种一头母牛须

使用一支消毒后的输精器。

3. 输精人员准备

人工授精人员在输精前应将指甲剪短磨光，洗净消毒手及手臂，用消毒毛巾擦干，再用75%的酒精消毒药棉擦手，待酒精挥发后即可操作。操作时应穿戴上长臂乳胶手套、工作服和鞋。

4. 精液准备

（1）细管冻精的解冻。用38±2℃温水直接浸泡解冻。解冻后用细管专用剪剪去顶部封口0.8cm，再将细管插入输精枪内，套上塑料外套管固定在输精器双螺纹上。

（2）颗粒冻精的解冻。将1ml解冻液倒入解冻容器中，水浴加温至38±2℃再投入颗粒冻精，摇动至融化，拿出试管，将精液吸入输精器。

（3）冻精解冻后应在1h内输精，需外运时，应置于4~5℃温度下不超过8h。

（二）输精方法

牛的配种主要采用人工授精，现阶段主要使用直肠把握子宫颈输精法，具体操作步骤如下：

先用手轻轻揉动肛门，使肛门括约肌松弛，然后将戴有乳胶长臂手套的左手，伸进直肠内把粪掏出（若直肠出现努责应保持原位不动，以免戳伤直肠壁，并避免空气进入而引起直肠膨胀），用手指从子宫颈的侧面，伸入子宫颈之下部，然后用食指、中指及拇指握住子宫颈的外口端，使子宫颈外口与小指形成的环口持平（见图5-4）。另一只手用干净的毛巾擦净阴户上污染的牛粪，持输精枪自阴门以35°~45°的角度向上插入5~10cm，避开尿道口后，再改为平插或略向前下方进入阴道。当输精枪接近子宫颈外口时，握子宫颈外口处的手将子宫颈轻提向阴道方向，使之接近输精枪前端，并与持输精枪的手协同配合，将输精枪缓缓穿过子宫颈内侧的螺旋皱褶（在操作过程可采用改变输精枪前进方向、回抽、摆动等技巧），插入子宫颈内2/3~3/4处，当确定注入部位无误后将精液注入。

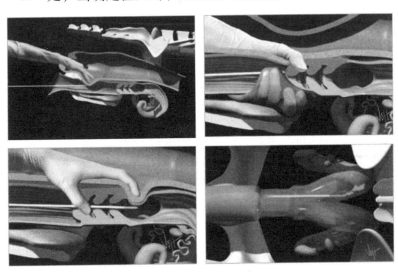

图5-4　输精操作示意图

（三）优缺点

1. 优点

精液可以注入子宫颈深部或子宫体，受胎率高；母牛无痛感刺激，同样适用于处女牛；可防止误给孕牛输精而引起流产；用具简单，操作安全方便。

2. 缺点

初学者不易掌握而造成受胎率低，甚至引起子宫外伤等。

### 五、影响肉牛人工授精受精率的因素

（一）种公畜的精液品质不良

精液中精子浓度低，即使有足够的精液量，也不能保证有足够的精子数量；精子的活动力不高、死精和畸形精子多，也是影响受精率的主要因素。此外，采精时精液被污染，造成精子死亡，也是影响受精率的因素之一。

（二）母畜有生殖道疾病

在输精时发现，有些母畜生产性能很好，但由于生理原因或生殖道发炎等疾病，不管怎样输精，始终不孕。如果母畜中这种牛只增多，受精率必然降低。

（三）输精人员技术不过硬

在输精时没有掌握好下列几项技术措施：

（1）适宜的输精量（每头母牛细管冻精1~2支）；

（2）输精的最佳时间（一般在母牛发情结束后9~24h之内）；

（3）适当的输精间隔时间（对发情持续期较长的母牛），可进行2次输精，每次间隔8~12h。

（4）输精的深度（子宫颈内2~3cm），只有综合解决上述问题，才能获得理想的输精效果，否则皆影响母牛的受精率。

（四）其他因素的影响

1. 温度

在解冻时，水温不能过高、一般应保持在37~38℃。若水温过高，精子的活动能力和代谢作用加强、能量消耗增多、存活时间缩短。当温度过低时，精子活动缓慢、代谢作用降低，能量消耗减少，存活时间延长。因此，在实

际操作时，水温应控制在适宜精子活动的温度，过高过低都可能杀死精子，从而人为地降低了受精率。

2. 光线

散光对精子无明显的不良影响，若阳光直射则影响很大，因此，精液要避免阳光直射，装精液的容器最好以有色玻璃瓶为佳。

3. 振动

能使精子的成活时间和受精能力降低。所以在精液处理或运输过程中应设法减少振动。

4. 化学物质

如强酸、碱和烟雾及各种金属氧化物等对精子均有害。

**六、提高肉牛人工授精受精率的方法**

（一）把握好母牛的饲养管理

1. 饲料营养

营养包括水、能量、蛋白质、矿物质和维生素等，营养对母牛繁殖力的影响是极其复杂的过程。营养不良或营养水平过高，都将对母牛发情、受胎率、胚胎质量、生殖系统功能、内分泌平衡、分娩时的各种并发症（难产、胎衣不下、子宫炎、怀孕率降低）等产生不同程度的影响。饲养者应根据母牛不同生理特点和生长生产阶段要求，按照常用饲料营养成分和饲养标准，配制饲粮，精青粗合理搭配，实行科学饲养，保持母牛良好的种用体况，切忌掠夺式生产，造成母牛泌乳期间严重负平衡。

2. 降低热应激

热应激可导致母牛内分泌失调，卵细胞分化发育、受精卵着床和第二性征障碍，降低受精率和受胎率，所以降

低热应激对母牛的影响是夏季饲养管理中的重要工作内容。母牛场经济实用的防暑降温方法是在牛舍内安装喷淋装置实行喷雾降温，农户可安装电风扇进行降温。

3. 实行产后监控

母牛产后监控是在常规科学饲养管理条件下，从分娩开始至产后60天之内，用观察、检测、化验等方法，对产后母牛实施以生殖器官为重点，以产科疾病为主要内容的全面系统监控，及时处理和治疗母牛生殖系统疾病或繁殖障碍，对患有子宫内膜炎的个体尽早进行子宫净化治疗，促进产后母牛生殖机能尽快恢复。

4. 减少高产母牛繁殖障碍

母牛的繁殖障碍有暂时性和永久性不孕症之分，主要有慢性子宫炎、隐性子宫内膜炎、卵巢机能不全、持久黄体、卵巢囊肿、排卵延迟、繁殖免疫障碍、营养负平衡引起生殖系统机能复旧延迟等。造成母牛繁殖障碍的原因主要包括三个方面：一是饲养管理不当（占30%~50%）；二是生殖器官疾病（占20%~40%）；三是繁殖技术失误（占10%~30%）。主要对策是科学合理的饲养管理、严格繁殖技术操作规范、实施母牛产后重点监控和提高母牛不孕症防治效果。

（二）做好母牛的发情鉴定

发情检测是母牛饲养管理中的重要内容，坚持每天多次发情观察（至少三次），可显著提高母牛发情检出率。实践证明，多次观察能提高发情母牛的检出率，尤其在夏季（因高温，发情症状不明显）。日观察2次（6~8点和16~18点）的检出率为54%~69%，日观察3次（8点、14点和20~22点）的检出率为73%，日观察4次（6~8点、12点、

16点和20~22点）的检出率为75%~86%，日观察5次（6点、10点、14点、18点和22点）的检出率高达91%。

（三）及时查出和治疗不发情或乏发情母牛

母牛出现不发情或乏发情多数与营养有关，应及时调整母牛的营养水平和饲养管理措施。对因繁殖障碍引起的不发情或乏情母牛，在正确诊断的基础上，可采用孕马血清促性腺激素（PMSG）、氯前列烯醇（ICI）、三合激素等激素进行催情，能收到良好效果。据报道，在发情周期中第5~18天内，两次注射ICI（第一次注射0.6mg后，隔11天再注射0.6mg），5天内处理的同期发情率为92.58%，显著高于一次性注射（57.14%）；两次注射的受胎率为84.62%，较一次性的68.75%高。

（四）加强选种选配

为提高母牛的群体素质，增加养殖场户收入，饲养母牛时必须注意选种选配。一要选用细管冻精。因为细管冻精制作规范，质量可靠，而且冻精生产情况都详细记录在细管外面，从外观上就可以判断种公牛质量。二要防止近亲繁殖。因为公母牛的血缘关系越近，后代的弊病就越多，常表现为繁殖力减退、死胎与畸胎增多，生活力下降和体质减弱等。因此给母牛配种时，应有计划地选择使用不同优秀种公牛的精液配种。三要防止难产。应遵循"大配大、小配小、不大不小配中间"的原则，尤其是初产牛及体形较小的母牛，种公牛的体重不宜过大，使其犊牛的初生重不要超过40kg，以免发生难产。

（五）防治母牛流产

1. 防止母牛隐性流产

配种后1~2个月（经直检已确认怀孕）又开始发情，

再次直肠检查时发现原怀孕迹象消失，即为隐性流产。要有效控制隐性流产必须做到：

（1）不喂单一饲料或冰冻、霉变饲料，选择富含维生素 A、E、$B_2$、$B_{12}$ 和微量元素丰富的优质饲料，保证胚胎正常发育；

（2）要避免对妊娠期内的母牛进行粗暴直检，以防伤及胚胎；对患病的孕牛要慎重用药，尤其要慎用驱虫药和泻下药；

（3）要为孕牛创造良好的生活环境，避免受到惊吓和任意驱打；

（4）要经常刷拭牛体，尤其要保持孕牛阴部卫生，防止细菌、病毒侵害，避免阴道炎、子宫内膜炎的发生；

（5）配种后的两个月要及时检查，一旦发现隐性流产要适时补配；

（6）要做好巴氏杆菌病、沙门氏菌病、结核病等易引起流产的疾病的预防工作。

2. 控制母牛普通性流产

（1）在营养方面，草料要品种齐全数量充足，并富含维生素 A、E、$B_2$、$B_{12}$ 等，禁喂变质或冰冻饲料；

（2）在医疗方面，孕牛要忌服大剂量泻剂、驱虫剂和利尿剂，忌灌给大量催情药和注射疫苗等；

（3）要防止孕牛外伤，尤其是应避免腹壁外伤，禁止粗暴的直肠检查和阴道检查；

（4）要避免生殖器官反常，尽早治愈局限性慢性子宫内膜炎和先天性子宫内膜炎，及时发现和淘汰先天性子宫发育不全和子宫粘连病牛；

（5）及时补充调节与怀孕有关的生殖激素，如及时纠正孕激素和雌激素的分泌失调，使子宫内环境能适应胚胎发育的需要；

（6）要及时治疗母畜疾病，如顽固性瘤胃弛缓、真胃阻塞、严重下痢和能引起体温升高及高度贫血的疾病；

（7）要确保胚胎发育良好，防止早期死亡（在牛的流产病中隐性流产可达38%）。故要防止精子或卵子发生损伤及精子或卵子的生命力弱，并保证妊娠早期生殖器官的内环境能充分适宜受精卵的正常发育等；

（8）要防止胎膜水肿，避免因胎盘发育不良或畸形引起的流产及胎水过多偶尔引起的流产。

（六）加强保胎和培育

1. 加强保胎，做到全产

母牛配种受孕后，受精卵或胚胎在子宫内游离时间长，一般在受孕后2个月左右才逐渐完成着床过程，而在妊娠最初18天又是胚胎死亡的高峰期，所以妊娠早期胚胎易受体内外环境的影响，造成胚胎死亡或流产，所以，加强保胎，做到全产成为提高产犊率的主要措施。首先应实行科学饲养，保证母体及胎儿的各种营养物质需要；不喂腐烂变质、强烈刺激性、霜冻等料草和冰冷饮水；防止妊娠牛受惊吓、鞭打、滑跌、拥挤和过度运动，对有流产史的牛更要加强保护措施，必要时可服用安胎药或注射黄体酮保胎。

2. 加强培育，做到全活

胎儿60%的体重是在怀孕后期（约100天）增加的，加强妊娠母牛怀孕后期的饲养管理，有助于提高犊牛的初生重。初生犊牛在产后1h内应吃上初乳，以增强犊牛对疾病的抵抗力。生后7~10天进行早期诱饲青粗料，促进牛胃发育。制订合理的犊牛培育方案，保证犊牛生长发育良好。

避免犊牛卧于冷湿地面、采食不洁食物，防止拉稀等疾病的发生。

3. 缩短产犊间隔

缩短产犊间隔不仅可以提高繁殖率，而且可以提高产奶量。及时做好犊牛早期断奶、产后配种、有繁殖障碍病牛的治疗、早期妊娠诊断等工作，是缩短产犊间隔，提高产犊率的重要措施。

# 第四节　肉牛繁殖新技术

## 一、同期发情

同期发情的原理就是通过人为的方式向母牛的体内注射适当剂量的性激素，待黄体溶解后，卵泡会同期开始生长和排卵，进而达到同期发情的目的。

（一）同期发情常用的激素

同期发情常用的激素主要有抑制卵泡发育的激素、溶解黄体的激素、促进卵泡发育和排卵的激素。

1. 抑制卵泡发育的激素

抑制卵泡发育的激素有黄体酮、甲黄体酮、氟黄体酮、氯地黄体酮、甲地黄体酮及 18 - 甲基炔诺酮等。根据药期长短的不同，这类药物可以分为两种，即长期和短期，但是一般都超过一个正常的发情周期。

2. 溶解黄体的激素

溶解黄体的激素主要是指前列腺素，常见的就是氯前列烯醇，黄体溶解效果显著，但需要注意的是，在将其应用于同期发情处理的时候，只有将其应用于黄体期的母牛才有效果。前列腺素如 PGF2α 和氯前列烯醇均具有显著的溶解黄体作用，在用于同期发情处理时，只限于处在黄体期的母畜有效。

3. 促进卵泡发育、排卵的激素

在使用同期发情药物的同时，如果配合使用促性腺激素，则可以增强发情同期化和提高发情率，并促使卵泡更好地成熟和排卵。这类药物常用的有氯地酚等。

(二) 同期发情技术在牛繁殖中的应用方法

同期发情技术在牛繁殖中的应用方法主要有阴道栓塞法、埋植法和注射法。

1. 孕激素阴道栓塞法

这种方法投药简单，操作方便，药效持续发挥作用，但是由于容易发生脱落，因此可能会导致发情失败。该种方法的具体操作就是用消毒完全的器械将栓剂置于阴道的深部，要注意保证药剂不断，以保证良好的吸收效果，放置的时间为 9～12 天。在取塞的当天，采用肌肉注射的方式，注射 800～1 000IU 的孕马血清促性腺素，一般在用药后 2～4 天，母牛发情。

2. 埋植法

这种方法就是把专用的埋植复合剂埋植于牛耳皮下，12 天后将其取出，注意同时注射 800～1 000IU 的孕马血清促性腺素，2～4 天母牛发情。

3. 注射法

注射前列腺素及其类似物，溶解黄体，缩短黄体期，达到同期发情。多数牛在处理后 2～4 天发情。该方法具有一定的局限性，仅仅适用于卵巢上有黄体的牛，如果牛的卵巢上没有黄体，那么是不会发生作用的，一般来说，注

射的剂量以 0.2~0.5mg 为适宜。但是，需要注意的是，部分牛在进行了前列腺素的处理之后，没有反应，那么建议采用二次处理的方式，也就是说在间隔 11~13 天的时间，再次进行注射，这样能够有效保证同期发情率。另外，基于前列腺素的黄体溶解作用，在使用的时候，要特别注意确保牛是空怀的，否则很容易导致牛注射后出现流产现象。

**二、排卵控制**

排卵控制的主要方法是超数排卵。超数排卵是指在母畜发情周期内，按照一定的剂量和程序，注射外源性激素或活性物质，使卵巢比自然状态下生长成熟和排出更多的卵子。其目的是在优良母畜的有效繁殖年限内，尽可能多的获得其后代，用于不断扩大核心母牛群数量。超数排卵的处理主要是利用缩短黄体期的前列腺素或延长黄体期的孕酮，结合注射促性腺激素，从而达到超数排卵的效果。

（一）牛超数排卵的机理

研究表明初生母犊牛有腔卵泡数为 75 000 个，到 2 月龄至 10 岁时只有 2 500 个，且一直是恒定的；到 10 岁以后，其有腔卵泡数目逐渐下降；到 20 岁时只有 3 000 个。在自然状态下，有 99% 的有腔卵泡因发生闭锁而退化，只有 1% 的有腔卵泡在排卵时排出。闭锁卵泡就是因为未获取足够数量的促性腺激素所致。为此，我们可以利用超过体内正常量的外源性激素，来拯救前面提到的 99% 的将要闭锁的卵泡，使其成为优势卵泡，而发育成熟、排卵。即在家畜发情的一定时期，注射 FSH 类的激素制剂，使其大量的卵泡不闭锁退化而进行正常发育、成熟，在排卵前采用 LH 类激素和前列腺素来补充内源性激素的不足，以确保所有的卵泡均能成熟、破裂和排卵。

（二）牛超数排卵的处理方法

1. FSH + PG 法

在发情周期的第 9～13 天任意一天开始，每天上、下午采用逐渐减量的方法肌肉注射（以下简称肌注）FSH，连续注射 4 天，每日注射 2 次，间隔 12h，注射 FSH 48h 后肌注 PGF2α 4ml。人工输精 3 次，每次间隔 12h。

2. FSH + CIDR + PG 法

在发情周期的任何一天给母牛放 CIDR，此天为第 0 天，第 10 天取出第一个 CIDR，同时放入第二个 CIDR，第 5 天开始，每天上、下午采用逐渐减量的方法肌注 FSH，连续注射 4 天，每日注射 2 次，于第 7 次注射 FSH 时撤出 CIDR 并肌注前列腺素，注射前列腺素后 24～48h 发情，人工输精 3 次，每次间隔 12h。

3. PMSG 法

注射前列腺素消除黄体，发情后的第 16 天或第 17 天的任意一天肌注 PMSG 1 500～3 000IU，隔日注射 HCG 1 000～1 500IU，24～48h 后发情。人工输精 3 次，每次间隔 12h。

（三）提高反复进行超排处理的措施

超排应用的 PMSG、HCG、FSH 及 LH 均为大分子蛋白质制剂，对母畜作反复多次注射，体内会产生相应的抗体，使卵巢的反应逐渐减退，超排效果也随之降低。因此，对超排处理的要求，不仅包括第一次超排后的效果，而且还应考虑重复进行超排处理的效果。对于一头优良的供体母畜重要的不仅是能从一次超排处理中获得许多胚胎，更重要的是能否反复进行有效的超排处理，从而达到最大限度地提高供体的繁殖力。

1. 增加药物的剂量

在第二次超排处理时，可将促性腺激素的剂量加大，以到达正常的超排处理。

2. 间隔一定时期处理

母畜每进行一次超排处理，使卵巢经历一次沉重的生理负担，需经一定时期才能恢复正常的生理机能。所以，给供体母牛作第二次处理的间隔时期应为 60 ~ 80 天，第三次处理时间则需延长到 100 天后。在每一次冲取胚胎结束后，应向子宫内灌注 PGF2α，以加速卵巢的恢复。

3. 更换激素制剂

当连续两次使用同一种药物进行处理后，为了保持卵巢对激素的敏感性，可以更换另一种激素进行超排处理，以获得较好效果。

### 三、胚胎移植技术

牛胚胎移植技术被誉为继人工授精技术之后，繁殖技术发展的又一次飞跃。目前，牛胚胎移植技术的发展已十分成熟，效果也很稳定。供体母牛超数排卵平均每头次获胚胎 5 枚以上，单头次最多可达 30 枚以上，受体牛移植受胎率 50% 以上，甚至可达 70% 以上。此外，受体牛同期发情平均发情率 90% 以上，可移植受体 70% 以上。

（一）胚胎采集

胚胎采集工作在供体受精日计 0 天，输精 6 ~ 7 天时进行。采集过程中，首先将牛保定，保定架前后高低差控制在 20cm 左右，然后利用 2% 的普鲁卡因对母牛进行尾椎硬膜外腔麻醉工作，之后对母牛外阴进行清理消毒，利用子宫扩张棒完成子宫扩张，宫颈黏液清除工作。然后利用二通管完成正压冲卵工作。

（二）胚胎检测

胚胎检测前先将冲胚液静置 30min，利用实体显微镜寻找胚胎，通过吸管将有用的受精卵吸出放置在 PBS 保存滴液中，胚胎净化干净后放置在 40～200 倍的显微镜下进行形态学检查，根据质量，胚胎可以分为 ABCD 四个等级，其中 A 级为最优秀的胚胎。

（三）胚胎保存

优秀的 A、B 级胚胎可以通过传统冷冻法、快速冷冻法、玻璃化冷冻法等多种方法保存许多年，玻璃化冷冻法是近年来新发展的一种胚胎冷冻保存方法，快速简单有效，冷冻过程明显简化，现阶段应用比较多。

（四）胚胎移植

胚胎移植前受体牛的准备工作十分的重要，必须要保证受体牛发情时卵泡直径达到 10～20mm，发情后 36h 左右受体牛应出现排卵症状，胚胎移植之前要确保受体牛的黄体直径达到 11～15mm，手感性好。受体牛处理时同样利用 2% 的普鲁卡因对其进行尾椎硬膜外腔麻醉工作，然后系尾，将受体牛外阴清洗干净，利用高锰酸钾、酒精消毒处理。胚胎的胚龄存在细微的差异，同样受体牛的发情天数也各不相同，要能够根据不同受体牛的发情天数合理地选择胚胎。移植时利用吸管分三段吸取 PBS 保存液，中段为胚胎，前后用气泡隔开，封口端剪去后，将移植腔推送到受体牛黄体一侧子宫角，使得移植腔深入子宫角大弯部，之后将胚胎推入受体牛子宫中，抽出移植腔。

# 第六章　肉牛日粮供给技术

## 第一节　肉牛营养需要

### 一、生长母牛的营养需要

育成期营养水平与其生长发育及成年后产奶量的关系颇大，生长母牛的营养需要如附表1所示。此外，还可以选择一些胡萝卜、白菜、菠菜等蔬菜，既可以调剂牛的口味促进食欲，又可以使摄取的维生素种类更丰富，增加饲料的营养价值，让其更快的成熟，从而促进泌乳和体重的增加。在寒冷或炎热季节，应适当增加营养供应水平，通常可在标准基础上增加15%～20%。

### 二、妊娠母牛的营养需要

在怀孕第190天前，可以不考虑增加额外的能量用于妊娠。怀孕母牛从第六个月起，胎儿能量沉积明显增加，因此根据生理阶段，妊娠第6、7、8、9月时，怀孕母牛应在维持或增重基础上，再增加4.18MJ、7.1MJ、12.54MJ和20.9MJ综合净能。对于营养状况不良的母牛，应采用引导饲养法增加精料喂量。产前7～10天由于子宫和胎儿压迫消化道，加上血液中雌激素和皮质醇浓度升高，使其采食量大幅度下降（20%～40%），因此要增加饲粮营养浓度，以保证牛的营养需要，但产前精料的最大喂量不超过体重的

1%。母牛妊娠最后四个月的营养需要如附表2所示。

### 三、哺乳母牛的营养需要

牛只每天的能量需要包含用于维持、泌乳、运动、妊娠和生长所需的能量。当摄入日粮能量不足时，母牛体重就会下降，反之，体内脂肪沉积，体重增加。尤其是哺乳母牛受生理阶段、体重变化、饲料特性及泌乳数量和质量等因素的制约，其营养需要量很难做到像单胃动物那样，通过采食量与养分的浓度（%）结合表达出来。哺乳母牛每天从奶中排出大量钙磷，由于日粮中钙磷不足或者钙磷利用率过低而造成其缺钙磷的现象较常见，日粮的钙磷配合比例通常以（1~2）：1为宜。哺乳母牛维持营养需要以及泌乳的营养需要如附表3所示。

### 四、育肥牛的营养需要

育肥牛的营养需要是指每头牛每天对能量、蛋白质、矿物质和维生素等营养物质的需要量。因牛的品种、生理机能、生产目的、体重、年龄和性别等不同，对营养物质的需要在数量和质量上都有很大的差别。增重的净能需要量由增重时所沉积的能量多少来确定。增重的能量沉积用呼吸测热法或对比屠宰试验法测定，得出能反映其沉积规律的计算公式，所以世界各国实际应用时的能量沉积参数均来自计算。牛体增重的体组织组成根据性别、年龄、体重、肥育程度等因素而变化，这些变化直接影响牛体能量的沉积。增重的蛋白质需要量是根据增重中的蛋白质沉积，以系列氮平衡实验或对比屠宰实验确定。此外，日粮中要含有足够数量的钙、磷，且比例适当，一般以（1~2）：1为宜，同时保证日粮有充足的维生素D。在饲喂谷物副产品混合精料的情况下，由于含磷较多，一般不需要补充磷。但在放牧或以粗饲料为主，或土壤中缺磷时，则容易发生牛只缺磷。当日粮钙、磷不足或比例不适宜时，可用石灰石、贝壳粉、碳酸二氢钙、脱氟磷酸钙等矿物质进行调节和平衡。生长育肥牛的营养需要参照附表4所示。

**五、种公牛的营养需要**

种公牛的正常生长发育和种用年限等都同饲养管理有直接关系，尤其是幼龄时期的饲养更为重要。对种公牛的饲养，要求饲料体积小，营养丰富，适口性强，容易消化。应多喂蛋白质饲料和青干草，少喂多汁、碳水化合物饲料。多汁饲料和青粗饲料，在日粮中一般应占总营养物的60%以下，不宜过多，特别是对育成公牛，应适当增加日粮的精料和减少粗料量，以免形成"草腹"，影响种用价值。为了提高种公牛精液品质和性机能，应喂适量的植物蛋白饲料，如炒黄豆、豆粕等。冬季每天应喂1.5~2.5kg小麦胚芽或大麦胚芽，以补充维生素的不足。参照乳用公牛的饲养标准，本书末附表5列出种公牛的营养需要。

# 第二节　饲料种类

## 一、精饲料

干物质中粗纤维含量小于18%的饲料统称精饲料。精饲料又分能量饲料和蛋白质补充料。干物质粗蛋白含量小于20%的精饲料称能量饲料；干物质粗蛋白含量大于或等于20%的精饲料称蛋白质饲料。精饲料主要有谷实类、糠麸类、饼粕类三种。

（1）谷实类：粮食作物的籽实，如玉米、高粱、大麦、燕麦、稻谷等为谷实类，一般属能量饲料。

（2）糠麸类：各种粮食加工后的副产品，如小麦麸、玉米皮、高粱糠、米糠等，也属能量饲料。

（3）饼粕类：油料的加工副产品，如豆饼（粕）、花生饼（粕）、菜籽饼（粕）、棉籽饼（粕）、胡麻饼、葵花籽饼、玉米胚芽饼等为饼粕类。以上除玉米胚芽饼属能量饲料外，其余均属蛋白质补充料。带壳的棉籽饼和葵花籽饼干物质粗纤维量大于18%，可归入粗饲料。

## 二、粗饲料

粗饲料是指天然水分含量在45%以下，干物质中粗纤维含量大于或等于18%的一类饲料。该类饲料包括干草类、农副产品类（农作物的荚、蔓、藤、壳、秸、秧等）、树叶类、糟渣类等。

粗饲料体积大、重量轻，粗纤维含量高，其主要的化学成分是木质化和非木质化的纤维素、半纤维素，营养价值通常较其他类别的饲料低，其消化能含量一般不超过10.45MJ/kg（按干物质计），有机物质消化率通常在65%以下。粗纤维的含量越高，饲料中能量就越低，有机物的消化率也随之降低。一般干草类含粗纤维25%～30%，秸秆、秕壳含粗纤维25%～50%。不同种类的粗饲料蛋白质含量差异很大，豆科干草含蛋白质10%～20%，禾本科干草6%～10%，而禾本科秸秆和秕壳为3%～4%。维生素D含量丰富，其他维生素较少，含磷较少，较难消化。从营养价值比较：干草比蒿秆和秕壳类好，豆科比禾本科好。绿色比黄色好，叶多的比叶少的好。

因此，它是反刍动物的主要基础饲料，通常在反刍动物日粮中可占有较大的比重。而且，这类饲料来源广、资源丰富，营养品质因来源和种类的不同差异较大，是一类有待开发和科学合理利用的重要饲料资源，特别是在全国各地大力提倡发展草食家畜的今天更显出其重要性。

（一）干草

是指青草（或青绿饲料作物）在未结籽实前刈割，然后经自然晒干或人工干燥调制而成的饲料产品，主要包括豆科干草、禾本科干草和野杂干草等，目前在规模化养牛生产中大量使用的干草除野杂干草外，主要是北方生产的羊草和苜蓿干草，前者属与禾本科，后者属于豆科。

1. 栽培牧草干草

在我国农区和牧区人工栽培牧草已达四五百万公顷。各地因气候、土壤等自然环境条件不同，主要栽培牧草有近 50 个种或品种。北方地区主要是苜蓿、草木樨、沙打旺、红豆草、羊草、老芒麦、披碱草等，长江流域主要是白三叶、黑麦草，华南亚热带地区主要是柱花草、山蚂蟥、大翼豆等。用这些栽培牧草所调制的干草，质量好，产量高，适口性强，是畜禽常年必需的主要饲料成分。

栽培牧草调制而成的干草其营养价值主要取决于原料饲草的种类、刈割时间和调制方法等因素。一般而言，豆科干草的营养价值优于禾本科干草，特别是前者含有较丰富的蛋白质和钙，其蛋白质含量一般在 15% ~ 24%，但在能量价值上二者相似，消化能含量一般在 9.6MJ/kg 左右。人工干燥的优质青干草特别是豆科青干草的营养价值很高，与精饲料相接近，其中可消化粗蛋白质含量可达 13% 以上，消化能可达 12.5MJ/kg。阳光下晒制的干草中含有丰富的维

生素 $D_2$ ，是动物维生素 D 的重要来源，但其他维生素却因日晒而遭受较大的破坏。此外，干燥方法不同，干草养分的损失量差异很大，如地面自然晒干的干草，营养物质损失较多，其中蛋白质损失高达 37%；而人工干燥的优质干草，其维生素和蛋白质的损失则较少，蛋白质的损失仅为 10% 左右，且含有较丰富的 β - 胡萝卜素。

2. 野干草

野干草是在天然草地或路边、荒地采集并调制成的干草。由于原料草所处的生态环境、植被类型、牧草种类和收割与调制方法等不同，野干草质量差异很大。一般而言，野干草的质量比栽培牧草干草要差。东北及内蒙古东部生产的羊草，如在 8 月上中旬收割，干燥过程不被雨淋，其质量较好，粗蛋白含量达 6% ~ 8%。而在南方地区农户收集的野（杂）干草，常含有较多泥沙等，其营养价值与秸秆相似。野干草是广大牧区牧民们冬春必备的饲草，尤其是在北方地区。

（二）秸秆

秸秆饲料是指农作物在籽实成熟并收获后的残余副产品，即茎秆和枯叶，我国各种秸秆年产量为 5 亿 ~ 6 亿 t，约有 50% 用作燃料和肥料，30% 左右用作饲料，另外 20% 用作其他，其中不少在收割季节被焚烧于田间。秸秆饲料包括禾本科、豆科和其他，禾本科秸秆包括稻草、大麦秸、小麦秸、玉米秸、燕麦秸和粟秸等，豆科秸秆主要有大豆秸、蚕豆秸、豌豆秸、花生秸等，其他秸秆有油菜秆、枯老苋菜秆等。稻草、麦秸、玉米秸是我国主要的三大秸秆饲料。

秸秆饲料一般营养成分含量较低，表现为蛋白质、脂肪和糖分含量较少，能量价值较低，消化能含量低于8.4MJ/kg；除了维生素 D 外，其他维生素都很贫乏，钙、磷含量低且利用率低；而纤维含量很高，其粗纤维高达30%～45%，且木质化程度较高，木质素比例一般为6.5%～12%。质地坚硬粗糙，适口性较差，可消化性低。因此，秸秆饲料不宜单独饲喂，而应与优质干草配合饲用，或经过合理的加工调制，提高其适口性和营养价值。

1. 稻草

水稻是我国主要的粮食作物之一，不仅在长江以南各省份普遍种植，在北方许多省区近年来也大面积发展。据统计，全国稻草产量为 1.88 亿 t。稻草秸秆质地粗糙，粗蛋白含量4.8%，粗脂肪1.4%，粗纤维35.3%，无氮浸出物39.8%，粗灰分17.8%，在粗灰分中硅含量较高，占干物质14%，而钙含量仅0.29%，磷0.07%。

2. 麦秸

麦秸包括大麦秸、小麦秸、燕麦秸等，主要是小麦秸。小麦主要分布于华北和华东的山东、安徽等省，我国年产大约 1.1 亿 t，麦秸产量与籽实相仿。麦秸质地粗硬，茎秆光滑，切碎混拌适量精饲料，可用于肉牛育肥。麦秸粗蛋白含量3.0%，粗脂肪1.9%，粗纤维34.8%，无氮浸出物49.8%，粗灰分10.7%，其中硅含量为6%。

3. 玉米秸

玉米在我国长江以北各省都有种植，近年来南方不少地区大量种植玉米，全株青贮后用于饲喂奶牛和肉牛。华北一带的夏玉米，东北、内蒙古等地的春玉米，不仅面积大，而且产量高。玉米秸产量全国为 1.55 亿 t。风干的玉米秸粗蛋白含量3.9%，粗脂肪0.9%，粗纤维37.7%，无氮浸出物48.0%，粗灰分9.5%。

（三）秕壳、藤蔓类

1. 秕壳

秕壳是指农作物种子脱粒或清理种子时的残余副产品，包括种子的外壳和颖片等，如砻糠（即稻谷壳）、麦壳，也包括二类糠麸如统糠、清糠、三七糠和糠饼等。与其同种作物的秸秆相比，秕壳的蛋白质和矿物质含量较高，而粗纤维含量较低。禾谷类荚壳中，谷壳含蛋白质和无氮浸出物较多，粗纤维较低，营养价值仅次于豆荚。但秕壳的质地坚硬、粗糙，且含有较多泥沙，甚至有的秕壳还含有芒刺。因此，秕壳的适口性很差，大量饲喂很容易引起动物消化道功能障碍，应该严格限制喂量。

2. 荚壳

荚壳类饲料是指豆科作物种子的外皮、荚皮，主要有大豆荚皮、蚕豆荚皮、豌豆荚皮和绿豆荚皮等。与秕壳类饲料相比，此类饲料的粗蛋白质含量和营养价值相对较高，对牛羊的适口性也较好。

3. 藤蔓

主要包括甘薯藤、冬瓜藤、南瓜藤、西瓜藤、黄瓜藤等藤蔓类植物的茎叶。其中甘薯藤是常用的藤蔓饲料，具有相对较高的营养价值。

（四）其他非常规粗饲料

其他非常规粗饲料主要包括：风干树叶类和竹笋壳等。可作为饲料使用的树叶类主要有松针、桑叶、槐树叶等，其中桑叶和松针的营养价值较高。竹笋壳具有较高的粗蛋白质含量和可消化性，也是一类有待开发利用的良好粗饲料资源，但因含有不适的味道和特殊物质，影响其适口性

和动物的正常胃肠功能，因此，不宜大量饲喂。

### 三、多汁饲料

干物质中粗纤维含量小于 18%，水分含量大于 75% 的饲料称多汁饲料，主要有块根、块茎、瓜果、蔬菜类和糟渣类两种。

（1）块根、块茎、瓜果、蔬菜类。如胡萝卜、萝卜、甘薯、马铃薯、甘蓝、南瓜、西瓜、苹果、大白菜、甘蓝叶等，均属能量饲料。

（2）糟渣类如粮食、豆类、块根等湿加工的副产品为糟渣类。糟渣饲料主要包括啤酒糟、白酒糟、釉酒糟、味精渣和甜菜渣等，此类饲料的营养价值相对较高，其中的纤维物质易于被瘤胃微生物消化，属于易降解纤维，因此它们是反刍动物的良好饲料。其中啤酒糟常用于饲喂高产奶牛，白酒糟和釉酒糟多用于肉牛。淀粉渣、糖渣、酒糟属能量饲料；豆腐渣、酱油渣、啤酒渣则属蛋白质补充料。甜菜渣因干物质粗纤维含量大于 18%，应归入粗饲料。

### 四、青贮饲料

青贮饲料是最大程度保存青绿饲料中的营养物质，保持粗饲料全年均衡供应的最佳手段。青贮饲料具有如下特点。

（1）青贮饲料可以有效保持青绿多汁饲料的营养特性：一般青绿植物，在成熟晒干后，营养价值降低 30%～50%，但青贮后只降低 3%～10%，可基本保持原青饲料的特点，干物质中的各类有机物不仅含量相近而且消化率也很接近。

青贮尤其能有效地保存青绿植物中蛋白质和维生素（胡萝卜素）。例如，新鲜的甘薯藤，每千克干物质中含有

158.2mg 的胡萝卜素，8 个月青贮，仍然可以保留 90mg，但晒成干草则只剩 2.5mg，损失达 98％以上。

（2）青贮饲料能保持原青绿时的鲜嫩汁液，消化性强，适口性好：干草含水量只有 14％ ~ 17％，而青贮料含水量达 70％左右，适口性好，消化率高。青绿多汁饲料经过微生物发酵作用，产生大量芳香族化合物，具有酸香味，柔软多汁，适应后牛、羊、猪均喜食。

（3）青贮饲料可以经济而安全地长期保存：青贮饲料比贮藏干草需用的空间小，一般每立方米的干草仅 70kg 左右，约含干物质 60kg，而每立方米青贮料重量为 450 ~ 700kg，其中含干物质为 150kg 左右。青贮饲料只要贮藏合理，就可以长期保存，最长者可达 20 ~ 30 年，因此，可以保证家畜一年四季都能吃到优良的多汁补充料。在贮藏过程中，青贮料不受风吹、雨淋、日晒等影响。

（4）青贮可以消灭害虫：很多危害农作物的害虫，多寄生在收割后的秸秆上越冬，如果把这些秸秆铡碎青贮，由于青贮料里缺乏氧气，并且酸度较高，可将许多害虫的幼虫杀死。

### 五、能量饲料

能量饲料通常所占饲粮的比例最大（ > 50％），因此其在饲粮中占有举足轻重的地位，正确把握能量饲料品质与用量对于配方拟制有着重要意义。能量饲料是指自然含水量小于 45％、粗纤维含量低于 18％、粗蛋白质含量不高于 20％的可饲物质。常用的能量饲料主要有谷物类（玉米、麦类等），谷物加工副产物类（糠、麸等）和液体能量饲料（油脂、糖蜜、乳清等）。以下介绍常用能量饲料的品质判

定与使用方法。

（一）玉米

常用作饲料的玉米有硬玉米和凹玉米。依据颜色有黄玉米和白玉米之分。玉米的品质通常视水分含量、变质程度、破碎性、虫蛀、发芽与掺杂等情况进行判定。玉米适口性好，使用上一般没有限制，因而适用性广。玉米能值很高，为谷物类能量之最，适于各种动物育肥使用；其赖氨酸相对缺乏，钙、磷很少。

（二）燕麦

燕麦品种间成分差异很大，使用时应注意等级选择。其成分特性突出表现为粗纤维含量高，赖氨酸低，脂溶性维生素低，矿物质含量低，仅适合反刍动物与种畜用。燕麦对于反刍动物有很好的适口性。

（三）大麦

饲料用大麦多为含壳的皮大麦，成分变化很大。应避免使用等级太低的大麦（易感染麦角毒素和霉菌）。与玉米相比，成分特性表现为：蛋白质、蛋氨酸均高于玉米，但利用率比玉米差；粗纤维含量为玉米的2倍，热能稍低，代谢能相当于玉米的89%；B族维生素丰富，但脂溶性维生素含量低；适口性不是很好。牛、羊料中均适于添加大麦，但不宜粉碎过细。

（四）稻谷、糙米

稻谷，去壳后为糙米。一般因粮食贮存过久而改为饲用。在贮存期间，脂肪易于分解，维生素减少，风味变劣，但蛋白质与无机物变化较小。粉碎后易变质结块，应当尽快用完。糙米的蛋白质、氨基酸等营养指标含量均与玉米相近；稻谷含壳，营养价值为玉米或糙米80%，纤维高，比重轻，有助于通便。

### 六、蛋白质饲料

目前在生产中反刍动物饲料中不选用动物蛋白质饲料，原因在于：动物蛋白质优于微生物蛋白质，经过微生物的转化，品质反而下降了，还有我国在反刍动物饲料中禁用动物源的饲料原料。因此，在反刍动物饲料中只能选用植物来源的蛋白质饲料。不同地区方便选用的植物蛋白质不同，现介绍在反刍动物饲料中常用的几种蛋白质饲料。

（一）大豆饼粕

大豆饼粕粗蛋白质含量高，一般在 40% ~ 50%，必需氨基酸含量高，组成合理。赖氨酸含量在饼粕类中最高，2.4% ~ 2.8%，而蛋氨酸含量不足。大豆饼粕是奶牛、肉牛的优质蛋白质原料，其适口性和产肉产奶性能均较优。大豆饼粕的品质与微生物蛋白质的品质相当，在转化为微生物蛋白质时有一定的氮损失，且大豆饼粕的价格在饼粕饲料中处于高价位，故目前在生产上，大豆饼粕主要用于高产奶牛的饲料中，对于中等产奶量或低产奶量的奶牛用量较少甚至不选用。

（二）菜籽饼（粕）

菜籽饼粕均含有含量较高的粗蛋白质，为 34% ~ 38%。氨基酸组成平衡，含硫氨酸较多。但由于粗纤维含量较高，菜粕中含有一些影响适口性及致甲状腺肿大的抗营养因子，还有菜粕在加工过程中引起的蛋白质利用率下降等原因导致菜粕在动物饲料中的利用率不高。生产中菜籽饼粕在反刍动物饲料中一般占精料部分的配比以不超过 10% 为宜。

（三）棉籽饼粕

棉籽饼粕粗蛋白质含量较高，达 34% 以上，棉仁饼粕粗蛋白质可达41%～44%。氨基酸中赖氨酸较低，仅相当于大豆饼粕的50%～60%，蛋氨酸亦低，精氨酸含量较高，赖氨酸与精氨酸之比在100:270以上，棉粕的蛋白质品质较差。棉籽饼粕中的抗营养因子主要为棉酚、环丙烯脂肪酸、单宁和植酸。反刍动物对棉粕中的毒素不敏感，棉粕蛋白质品质较差，但转化为微生物蛋白质后品质将得到提高，生产中棉粕是反刍动物大量使用的蛋白质原料。肉用或产奶量较低的反刍动物精补料中棉籽饼粕可作为主要蛋白质饲料；产奶量较高的的反刍动物，需配合氨基酸平衡性较好的如豆粕以保证产奶需要。

（四）非蛋白氮饲料

包括饲料用的尿素、双缩脲、氨、铵盐及其他合成的简单含氮化合物。反刍动物瘤胃中的微生物可以反复充分利用NPN来合成菌体蛋白，尿素是反刍动物最常选用的非蛋白氮源。尿素在添加过程中要注意的问题较多，主要问题为：尿素在瘤胃中释放氨的速度过快可能导致氨中毒，目前在生产中选用糊化淀粉尿素、缩二脲、脂肪酸尿素等可较好地解决该问题的发生；还有就是用量的问题，饲喂的反刍动物年龄为6个月以上的，用量不能超过饲粮总氮量的1/3，或饲粮总量的1%。

## 七、矿物质饲料

可供饲用的天然矿物质，称矿物质饲料，以补充钙、磷、镁、钾、钠、氯、硫等常量元素（占体重0.01%以上的元素）为目的。如石粉、碳酸钙、磷酸钙、磷酸氢钙、食盐、硫酸镁等。

## 八、饲料添加剂

为补充营养物质、提高生产性能、提高饲料利用率，改善饲料品质，促进生长繁殖，保障肉牛健康而掺入饲料中的少量或微量营养性或非营养性物质，称饲料添加剂。常用的饲料添加剂主要有：维生素添加剂，如维生素 A、D、E、烟酸等；微量元素（占体重 0.01% 以下的元素）添加剂，如铁、锌、铜、锰、碘、钴、硒等；氨基酸添加剂，如保护性赖氨酸、蛋氨酸；瘤胃缓冲调控剂，如碳酸氢钠、脲酶抑制剂等；酶制剂，如淀粉酶、蛋白酶、脂肪酶、纤维素分解酶等；活性菌（益生素）制剂，如乳酸菌、曲霉菌、酵母制剂等；另外还有饲料防霉剂或抗氧化剂。

# 第三节 肉牛日粮配合技术

## 一、日粮配制的原则

### （一）营养原则

日粮所含营养物质必须达到牛的营养需要标准，同时还要根据不同个体进行适当的调整；肉牛最喜爱青绿饲料和多汁料，其次是优质青干草，再次是低水分的青贮料；最不喜食的是秸秆类粗饲料；日粮组成应多样化，使蛋白质、矿物质、维生素等营养成分全面，以提高利用效率；性质各异的饲料合理搭配，如轻泻饲料（玉米青贮饲料、青草、多汁饲料、大豆、麦麸、亚麻仁饼等）和易致便秘的饲料（禾本科干草、各种农作物秸秆、枯草、高粱籽实、秕糠、棉籽饼等）互相搭配；日粮的营养浓度要适中，除满足营养需要外，还应使育肥牛能吃饱而不剩食。肉牛爱吃新鲜饲料，在饲喂时应少给、勤添；下槽时要及早清扫饲槽，把剩草晾干后再喂。牛有较强的竞食性，群养时相互抢食，可用此特性来增加采食量。采食量与体重有密切关系，膘情好的牛，按单位体重计算的采食量低于膘情差的牛；健康牛采食量则比瘦弱牛多。牛对切短的干草采食量比长草要大，因此粗料应该切短后饲喂，不仅增加了采食量，还减少了浪费。对精料，牛爱食 $1cm^3$ 大小的颗粒料，但不喜欢吃粉料。日粮中营养不全时，牛的采食量减少，日粮中精料增加，采食量也随之增加；但精料占日粮的30%以上时，干物质的采食量不再增加；精料占日粮的70%以上时，采食量反而下降。因此饲喂育肥牛，尽可能应以青粗饲料为主，精料只用于补充粗饲料所欠缺的能量和蛋白质。饲喂的饲料在喂饲前进行加工，如果饲料粉碎不细，则牛食后不易消化利用，出现过料现象；而精料过细牛又不喜食。因此要根据日粮中精料量区别饲喂。精料少，可把料同粗饲料混拌饲喂；精料多时，可把粉料压为颗粒料，或蒸成熟团饲喂。

（二）健康原则

牛是反刍动物，日粮中需要有一定的粗纤维含量，否则会影响消化和饲料利用效率；同时，牛的营养代谢病较多，与饲料种类、用量和用法有很大关系。

肉牛的采食很粗糙，不经细嚼就咽下，饱食后进行反刍。食入的整粒料，大部分沉入胃底，而不能反刍重新咀嚼，造成过料排出；喂大块块根、块茎饲料，喂前一定要切成小块，绝不可整个喂，特别是土豆、地瓜、胡萝卜、茄子等，以免发生食道梗阻，危及生命；糟渣类饲料的适口性好，牛很爱吃，但要避免过食而造成的牛食滞、前胃活动迟缓、鼓胀等；牛舌卷入的异物吐不出来，特别是食入饲草中的铁丝、铁钉等，易造成创伤性网胃炎、心包炎等，所以饲料要进行加工调制并消除异物才能饲喂。

（三）经济原则

因地制宜选择本地盛产的饲料，特别是青绿饲料和粗饲料，利用本地饲料资源，可保证饲料来源充足，减少饲料运输费用，降低饲料工业的生产成本；及时制作青贮饲料、青干草、氨化秸秆，贮存好糟渣、秧秸等，使廉价饲料能全年平衡供应。

（四）卫生原则

所选用饲料中不应含有毒有害物质，一些抗胰蛋白酶、皂苷等抗营养因子应通过适当的加工来消除；饲料贮存过程中要防霉防腐，不喂变质的饲料；使用尿素等添加剂时，应注意用量和使用方法，防止中毒。除此之外，还要注意选择那些没有受农药和其他有毒、有害物质污染的饲料。

**二、日粮配制的方法**

（一）计算机法

目前，最先进、最准确的方法是用专门的配方软件，通过计算配合日粮。市场上有多种配方软件，其工作原理基本都是一样的，差别主要在于数据库的完备性和操作的便捷性等方面。

（二）手工计算法

手工计算法应首先了解牛的生产水平或生长阶段，掌握牛的干物质采食量，计算或查出每天的养分需要量，随后选择饲料，配合日粮。计算法如下：

（1）检查饲养标准：根据肉牛的体重、母牛产犊胎次

和哺乳阶段从饲养标准中查出营养需要量，其中包括干物
质、肉牛能量单位（或综合净能）、蛋白质（有条件应包括
可消化粗蛋白、代谢蛋白质、瘤胃降解蛋白、过瘤胃蛋
白）、粗纤维（有条件以中性洗涤纤维为宜）、非纤维性碳
水化合物、矿物质及维生素需要量。

（2）确定日粮精粗料比例：一般要求粗饲料干物质至
少应占肉牛日粮总干物质的 40% ~ 60%。粗料量确定后，
计算各种粗饲料所提供的能量、蛋白质等营养量。所用饲
料的营养成分最好每次均能进行测定，因饲料成分及营养
价值表所提供的饲料成分及营养价值是许多样本的均值，
不同批次原料之间有差异，尤其是粗饲料。测定的项目至
少包括干物质、粗蛋白质、钙和磷。

（3）确定精料配方：从营养需要量中扣除粗饲料提供
的部分，得出需由精料补充的差值，并通过计算机或手工
计算，在可选范围内，找出一个最低成本的精料配方。

（4）确定添加剂配方及添加量：除矿物质和维生素外，
一些特殊用途的添加剂也由此确定和添加。

# 第七章　牧草栽培及加工

## 第一节　牧草主推品种资源介绍

### 一、紫花苜蓿

紫花苜蓿是豆科多年生草本植物，其蛋白质含量高、产量高、品质好，被称为"牧草之王"。株高 60～120cm，根粗壮，深入土层，根茎发达。茎直立、丛生、四棱形，羽状三出复叶，小叶长圆形或卵圆形，花紫色。适应性强，喜温暖半干燥气候，喜光，耐干旱，抗寒，生长适宜温度为 20～25℃，种子在 5～6℃即能发芽。对土壤要求不严，从粗沙土到轻黏土皆能生长，以排水良好、土层深厚、富含钙质土壤为好，耐盐力较强，略耐碱，不耐酸，最适宜的土壤 pH 值为 7.0～8.0。四川农区选择秋眠级 6～9 的紫花苜蓿品种，有 WL525、盛世、游客等。

（一）整地与施肥

选择地势平坦、排水良好、土层深厚、中性或微碱性壤土，深翻30cm，每亩施有机肥 1 000～2 000kg，钙镁磷肥50kg 作基肥。

（二）播种

春、秋季均可播种，一般为秋播。春播 3～4 月，秋播宜于 9～10 月。播前晒种 2～3 天或用磨米机碾磨，可提高

发芽率。从未种植豆科植物的土地，播种前应接种根瘤菌
（每一千克种子 5g 菌剂）或使用包衣种子。可采取条播、
撒播方式，条播行距为 25~30cm，播深 1~2cm，亩播种量
0.8~1.5kg。与黑麦草、鸭茅等禾本科牧草混播时，紫花苜
蓿亩播种量为 0.5kg，禾本科牧草为 0.75~1.0kg。

（三）田间管理

紫花苜蓿苗期生长缓慢，应及时中耕锄草。每次收割
后追肥，每亩追施钾、磷等混合肥 10~15kg。干旱地区适
时灌溉。病害主要有白粉病和霜霉病，可喷洒硫黄粉剂或
百菌清进行防治；虫害主要有蚜虫，可用灰敌合剂、烟草
石灰合剂喷洒防治。

（四）利用

紫花苜蓿生长期为 6~8 年，鲜草利用时间为 5~11 月。
一般年可刈割 3~5 次，留茬高度一般以 5~8cm 为宜，亩产
鲜草 4 000~8 000kg，以第 2~4 年产量最高。青饲时可根据
饲养需要随割随喂，最宜始花期收割；调制成青干草要在
始花后及时收割。紫花苜蓿青饲或制作干草、青贮料，适
宜饲喂各种畜禽。

二、白三叶

又名白车轴草，为豆科冷季型多年生草本植物，是世
界上分布最广，栽培最多的牧草之一。植株高 30~80cm，
掌状三出复叶，小叶卵形或倒心形，叶面中央有灰绿色
"V"形斑纹。喜温暖湿润气候，生长最适温度 19~24℃，
较耐寒和耐热，最适于在年降水量 800~1 200mm 的地区生
长。耐荫蔽，适合于果园套种、林地和护坡绿化种植。具
有匍匐茎，侧根发达，再生性与侵占性强，耐刈割。对土

壤要求不严，适应能力较强，耐瘠、耐酸，不耐盐碱，最适宜 pH 值为 5.6~7.0，在排水良好、富含钙质及腐殖质的黏质土壤生长较好。

（一）整地与施肥

白三叶种子细小，播种前清除杂草、精细整地。每亩地施有机肥 1 500~2 000kg 和 20~30kg 磷肥作基肥。

（二）播种

春、秋季均可播种，以秋播为宜。春播在 3~4 月，秋播宜于 9~10 月。条播或撒播，条播行距 25~30cm，播深 1~1.5cm，覆土要浅，亩播种量 0.8~1.5kg。新种植区，要用白三叶的菌土或特制菌剂拌种来接种根瘤菌。生产上，常将白三叶与鸭茅、多年生黑麦草、草地早熟禾等禾本科牧草按 1∶（2~3）混播。

（三）田间管理

苗期生长缓慢，应中耕松土除草 1~2 次，并施用少量氮肥，每亩施尿素 5kg，以促进幼苗建植。土壤比较干旱有灌溉条件的，刈、牧之后可适当灌水。发生褐斑病、白粉病，可用多菌灵防治；叶蝉、地老虎等虫害，可喷施 2.5% 的溴氰菊酯可湿性粉剂进行防治。

（四）利用

白三叶可生长 7~8 年，供草季节为 4~11 月。一般在初花期刈割，留茬 5~10cm，春播当年亩产鲜草 1 000kg 左右，以后每年可刈割 2~4 次，年亩产鲜草 2 500~5 000kg。白三叶主要用于放牧，可放牧家畜、鹅等，还可青饲、与禾本科牧草混合调制优质青贮料、也可调制成干草、压缩成饲料或草粉。青饲时要控制喂量，最好与禾本科牧草搭配饲喂，防止发生鼓胀病。

### 三、多花黑麦草

又名意大利黑麦草，是禾本科黑麦草属一年生或越年生植物，须根多，秆直立，高 50～100cm，叶片长而宽，四川农区和半牧区均适宜种植，最宜壤土或黏壤土，最适宜 pH 值为 6～7，肥水要求高，尤其重视氮肥的供应。

（一）整地与施肥

在肥沃地、退化地均可种植，每亩施腐熟农家肥 1 500～2 000kg 作基肥，耕深 20cm，耙平压碎。

（二）播种

四川农区均采用秋播，9～10 月播种为佳。可条播或撒播，条播行距 15～30cm，播深 1～2cm，亩播种量 1～2kg。可与水稻、玉米、高粱等轮作，与白三叶、红三叶、紫云英等豆科牧草混播，不仅提高产量和质量，还可增加地力。

（三）田间管理

苗期及时除杂草 1～2 次，注意防治害虫。每次刈割后施尿素 6～8kg 或碳酸氢铵 12kg 左右。

（四）利用

供草期从每年 12 月至次年 5 月，年可刈割 3～5 次，刈割的草层高度为 40～60cm，留茬高度 5～6cm，每隔 20～30 天刈割 1 次，年亩产鲜草 5 000～9 000kg。多花黑麦草的产量高，草质好，营养价值高，适口性好，是禾本科牧草中的优良牧草，可用作青饲、晒制干草或青贮，更适于放牧。

### 四、多年生黑麦草

禾本科黑麦草属多年生草本植物。株高 80～100cm，须根发达，单株分蘖达 60～100 个，叶片柔软，深绿色。喜温暖湿润气候，适宜在夏季凉爽，冬无严寒，年降雨量 800～

3 000mm 地区生长。生长最适温度 20～25℃，耐热性差，10℃时也能较好生长。在肥沃、湿润、排水良好的壤土和黏土地上生长良好，也可在微酸性土壤上生长，适宜土壤 pH 值为 6～7。

（一）整地与施肥

选择平坦、水分充足、富含有机质的土壤最适宜种植，每亩施有机肥 1 000～1 500kg，过磷酸钙 15～20kg 作基肥，然后翻耕，耕深 18cm，耙平压碎，备用。

（二）播种

可春播或秋播，最适宜秋播。春播以 3～4 月，秋播 9～10 月为宜。可采用条播或撒播，条播行距 15～20cm，播深 1～2cm，亩播种量 1～2kg。为提高产量和品质，可与紫花苜蓿、三叶草等豆科牧草混播。

（三）田间管理

苗期及时除杂草，分蘖、拔节和抽穗期，适时灌溉可提高产量。每次刈割后施尿素 6～8kg 或碳酸氢铵 12kg 左右。

（四）利用

利用年限 4～5 年，供草期每年 12 月至次年 5 月。株高 40～50cm 时开始收割，留茬 5～6cm，一年可刈割 3～5 次，年亩产鲜草 4 000～7 000kg。适于青饲、晒制干草、青贮及放牧利用。

五、鸭茅

鸭茅又称果园草、鸡脚草，是禾本科鸭茅属牧草。多年生，疏丛型，高 70～120cm，叶片长 20～30cm，宽 7～10mm。喜欢温暖湿润的气候，最适生长温度为 10～28℃，

30℃以上发芽率低，生长缓慢。耐热性、抗寒性优于多年生
黑麦草，耐阴性强，阳光不足或遮阴条件下生长良好，是
果园或林园的良好覆盖植物。对土壤的适应性较广，在潮
湿、排水良好的肥沃土壤或有灌溉的条件下生长最好，对
氮肥反应敏感，较耐酸，最适土壤 pH 值为 6~7。

（一）整地与施肥

选择排水良好、水分充足的壤土，施足基肥，每亩施
有机肥 1 000~1 500kg 和氮磷钾复合肥 15~20kg，精细
整地。

（二）播种

春、秋均可播种，以秋播最佳。春播以 3 月下旬为宜；
秋播不迟于 10 月中旬。条播行距 20~30cm，播深 2~3cm，
亩播种量为 1~2kg，也可撒播。常与紫花苜蓿、白三叶、
红三叶等混播，建立混播草地。与豆科牧草混播时，鸭茅
每亩用种量为 0.75~1kg。

（三）田间管理

鸭茅苗期生长缓慢，播后 30 天中耕除草 1~2 次。每次
割后追施尿素 4~6kg。温暖潮湿时注意防治锈病，可喷施
粉锈灵、代森锌等。

（四）利用

利用年限 5~6 年。鸭茅再生力强，耐刈割，年可刈割
2~4 次，孕穗至抽穗时刈割，留茬高度 5~6cm，年亩产鲜
草 3 000~4 000kg，以第 2~3 年产量最高。鸭茅营养价值
高，叶量丰富，幼嫩期叶占 60%，是饲喂牛、羊、猪、兔、
鸭等的优质饲草，适于建立人工草地、放牧或刈割青饲、
调制干草或制作青贮料。

### 六、扁穗牛鞭草

禾本科牛鞭草属多年生草。有横走的根茎，茎秆长达 1~1.5m，无性繁殖。喜温暖湿润气候，抗逆性较强，耐热、耐霜冻。海拔 2 000m 以下的田边、路旁、湖边、沟边湿润处均可生长，以肥沃、酸性或微酸（pH 值为 5）黄壤土生长最好，适宜 pH 值为 4~6.8。喜氮肥。

（一）整地与施肥

每亩地施有机肥 2 000~3 000kg，磷钾肥 25kg 作底肥，深翻 30cm，整平耙碎。

（二）扦插

用种茎扦插，春播最佳。种茎取孕穗前的地上茎，用刀切成 30~40cm 小段，每小段有 3~4 个节，开沟扦插，按行距 25~30cm，株距 15~20cm 斜放于栽植沟上，埋土，外露 1~2 节。

（三）田间管理

苗期生长缓慢，扦插后 30 天中耕除草 1~2 次。拔节期每次割后追施尿素 5~6kg。

（四）利用

鲜草利用时间 3~10 月。当株高达 60~100cm 时即可刈割利用，留茬高 3~5cm。春栽当年可刈割 2~4 次，第二年可刈 4~6 次，年亩产鲜草 5 000~10 000kg。扁穗牛鞭草青草茎叶较柔嫩，适口性好，牛、鱼的采食量几乎为 100%，青贮、调制干草的质量均较好，牛羊喜食。

### 七、饲用甜高粱

甜高粱为禾本科高粱属一年生草本植物。株高 2~4m，根系发达，茎粗壮、直立，多汁液，味甜。叶 7~12 片或更多。喜温暖，具有抗旱、耐涝、耐盐碱等特性，对土壤的适应能力强，pH值5.0~8.5的土壤上都能生长。

（一）整地与施肥

甜高粱种子较小，顶土能力较弱，整地质量要求深、平、细、碎，以保障出苗，每亩施农家肥1 500~2 000kg作基肥。

（二）播种

采用种子繁殖，春季气温在12~14℃及以上即可播种，条播，行距30~50cm，深度2~4cm，也可撒播，亩播种量1~1.5kg。

（三）田间管理

出苗后展开3~4片叶时间苗，5叶期时定苗，结合定苗进行中耕除草。一般在拔节和每次收割后进行追肥，可保证整个生育期养分的供给，利于高产。甜高粱易出现虫害，如蚜虫、玉米螟，要及时防治。

（四）利用

甜高粱生长快，分蘖力强，再生性好，株高1.2m时即可刈割利用，刈割时留茬10~12cm，一年可刈割2~4次，可亩产鲜茎叶7 000~10 000kg。该品种营养丰富，粗蛋白含量3%~5%，粗脂肪1%左右，无氮浸出物40%~50%，粗纤维为30%左右。茎叶柔嫩，适口性好，既可做牧草放牧，又可刈割做青饲、青贮和干草，是具有推广价值的高产、优质、高效青饲料作物，已成为世界众多国家推进本国种植业发展的一条重要途径。

八、饲用玉米

饲用玉米也称玉蜀黍、苞谷、苞米等，是禾本科玉蜀黍属一年生草本植物。饲用玉米籽粒、茎叶，营养丰富，含蛋白质、氨基酸、维生素、粗脂肪等多种营养成分，多汁、适口性好，适合青饲和调制青贮料，有饲料之王的美称。饲用玉米对土壤要求不严，肥地及贫瘠地均可种植。饲用玉米喜温怕旱，喜光，需肥较多，尤其以氮肥需要量大。多与豆类、瓜类、马铃薯等间、混、套作。

（一）整地与施肥

选择土地平坦、土层深厚、土壤肥沃、通透性好、排水以及灌溉方便的地块可获得高产。播前深翻 20 ~ 30cm，亩施有机肥 2 000 ~ 3 000kg，过磷酸钙 20kg，氮肥 20kg 作基肥。

（二）播种

在播种前晾晒 2 ~ 3 天，以提高发芽率和幼苗成活率。当表土温度稳定在 10 ~ 12℃时即可播种，3 月中旬至 5 月上旬均可播种，以 3 月中旬为宜。播种方法有直播和育苗移栽。直播株行距 30cm × 40cm，播深 3 ~ 5cm，亩播种量 2.0 ~ 2.5kg，育苗移栽在 3 叶 1 心时进行，每穴保证 1 ~ 2 苗，株距 40cm，一般每亩 4 500 ~ 6 500 株。

（三）田间管理

苗期应中耕除草。3 叶间苗，4 ~ 5 叶适时定苗，注意防治苗期病害和地下害虫，确保全苗。进入拔节期后需水肥较多，结合浇水进行追肥，拔节期每亩追施尿素 10 ~ 12.5kg，或磷酸二铵 10kg，孕穗期亩施尿素 8 ~ 10kg，灌浆期每亩追施尿素 5kg。苗期和生长期要注意地老虎、蛴螬、生长期纹枯病、钻心虫的防治。

（四）利用

鲜草利用时间为 5 ~ 9 月，青饲在抽穗前株高 1m 左右时刈割，留茬高度约为 10~15cm。青贮在乳熟期至蜡熟期收获，亩产鲜草 5 000~9 000kg。玉米青贮后具有酸香味，柔软多汁，适口性好，易消化，是家畜冬季优良的青绿多汁饲料。

## 九、苏丹草

又名野高粱，是禾本科高粱属一年生草本植物。根系发达，株高 2~3m，茎粗 0.8~2.0cm，分蘖力强，一般 20~30 个，叶 7~8 片，深绿。喜温而不耐寒，最适温度为 20~30℃。耐干旱能力强，喜光，充足光照会促进分蘖，提高产量和品质。对土壤要求不严，在排水良好的沙壤土、重黏土、弱酸性和轻度盐渍土上均可种植，但以肥沃土壤为宜。

（一）整地与施肥

苏丹草耗地力，忌连作，前茬以青刈大豆、紫花苜蓿为好。前茬收获后，耕深 20cm，结合翻耕，每亩施腐熟农家肥 1 500~2 000kg 作基肥。

（二）播种

地温达 10~12℃时播种，春播在 3 月上旬至 4 月下旬。条播、撒播均可，条播行距 35~45cm，播深 3~4cm，每亩播种量 2~3kg。可与豇豆等缠茎豆科植物混播。

（三）田间管理

苗期注意除草 1~2 次，分蘖至孕穗期需肥较多，及时追肥和灌溉。刈割后每亩追施尿素 8~15kg。苗期和生长期要注意地老虎、蛴螬、生长期纹枯病、钻心虫的防治。

（四）利用

苏丹草供草期 5~9 月。在株高 80cm 以上刈割，1 年可刈割2~4次，留茬高度为7~8cm，亩产鲜草5 000~8 000kg。苏丹草产量高、草质好、营养丰富、再生性好，蛋白质含量居一年生禾本科牧草之首，适合青饲，也可用来晒制干草和制作青贮料。

### 十、高丹草

一年生禾本科暖季型牧草，由饲用高粱和苏丹草杂交育成，综合了高粱茎粗、叶宽和苏丹草分蘖力、再生力强的优点，杂种优势非常明显。植株高大，一般在2m以上，根系发达，分蘖数一般20~30株，叶量丰富。耐高温，怕霜冻，较耐寒，适宜生长温度为24~33℃，抗旱，适应性强，土壤要求不严，一般沙壤土，黏壤土或弱酸性土壤均可种植，喜肥，对氮、磷肥料需要量高，在瘠薄土壤上种植应注意合理施肥。

（一）整地与施肥

高丹草根系发达，要精细整地，耕深达20cm，结合翻耕每亩施腐熟农家肥1 500~2 000kg作基肥。

（二）播种

种子繁殖，地温12℃以上即可播种，3月中旬至6月中旬均可播种，以3月中旬为宜，播种量2~3kg。条播，行距30~40cm，播深3~5cm。高丹草可以与多花黑麦草轮作。

（三）田间管理

主要是除杂草、追施氮肥和灌水。幼苗长至15~20cm时应及时锄杂草，保证全苗。结合除杂，每亩施尿素3~5kg促进幼苗生长，以后每刈割1次亩施氮肥尿素8~15kg，及时浇水促进再生。苗期和生长期要注意地老虎、蛴螬、生长期纹枯病、钻心虫的防治。

（四）利用

供青期为 5~9 月。播种后 40~45 天或植株长至 1.2~
1.5m 时可刈割。留茬 10~15cm，可割 3~4 次，年亩产鲜
草 8 000~10 000kg。草质柔软，营养价值高，叶量丰富，含
糖量高，适口性好，采食量及消化率高，是牛羊等的优质
青饲料，特别是肉牛、奶牛的首选饲草。可直接青饲，青
贮、调制干草或加工成各种草产品。青饲时，应铡短饲喂，
有条件的可用揉搓机揉搓后饲喂最为理想。

### 十一、杂交狼尾草

杂交狼尾草为禾本科狼尾草属多年生草本植物，以象
草为父本和美洲狼尾草为母本的杂交种。具有产量高、品
质优、适口性好、抗性广以及耐刈割等特点，已成为我国
草食性畜禽和鱼类的良好饲料来源，是一种种植潜力和社
会经济效益均较大的草种。根深密集，须根发达，株高
3.5m 左右，每株分蘖可达 80 个以上，叶片长剑状，长 60
~80cm，宽 2.5cm 左右。一般不结实，生产上通常用杂交
一代种子繁殖或无性繁殖。喜温暖湿润气候，抗倒伏、抗
旱、耐湿、耐酸性强，无病虫害。在 pH 值 5.5 及中度盐土
地上均能生长，但耐低温能力差，打霜地区不能 100%
越冬。

（一）整地与施肥

杂交狼尾草根系发达，因此选地以土层深厚、排水良
好的壤土为宜，深翻耕 30cm。结合整地每亩使用优质有机
肥 1 500~2 000kg；缺磷的土壤，亩施过磷酸钙 15~20kg 作
基肥。

（二）播种或移栽

当气温达 12℃ 以上时即可种植，扦插繁殖于 3 月中旬至 10 月中旬均可成活，种子繁殖于 3 月中旬至 9 月上旬均可，穴播为宜，株行距 50～70cm，亩播种量 0.7～1.0kg。无性繁殖，取成熟茎秆作为种茎，一般每 2～3 个节切成一段，平埋或直埋于土中，也可分根繁殖。

（三）田间管理

前期要中耕除草 2 次，防止其他杂草侵入影响幼苗的生长。封行前要及时中耕松土和追肥，追肥以氮素为主，只有在高氮情况下，才能充分发挥其生产潜力。每次刈割后要及时补肥，每亩施 5～10kg 尿素（或其他氮肥、人畜粪尿）。苗期要注意地老虎、蛴螬、生长期纹枯病、钻心虫的防治。

（四）利用

供草期较长，5 月中旬至 10 月底前后。粗纤维含量较高，饲喂肉牛时可在 1.3～1.8m 刈割利用，饲喂肉羊时，宜在 0.8～1.3m 茎叶较为幼嫩时刈割，全年可刈割 3～5 次，留茬高度 10～15cm，年亩产鲜草 10 000kg 以上。鲜草产量高、草质好，主要用作刈割，也可调制青贮料。

## 十二、皇竹草

皇竹草是禾本科狼尾草属多年生植物，是杂交狼尾草的反交种，母本为象草，父本为美洲狼尾草，株高 4～5m，分蘖能力较强，单株分蘖 80～90 株。与狼尾草相比，皇竹草的叶片刚毛略多，适口性略差。皇竹草喜温暖湿润气候，温度 8℃ 时开始生长，20℃ 以上生长加快，最适气温为 25～35℃，在 0℃ 以上能正常越冬。皇竹草具有适应性广、抗逆

性强、耐酸性、耐高温、耐干旱等优点，但不耐水涝，在
沙土到砖红黏质土壤上生长良好。

（一）整地与施肥

皇竹草喜水肥，不耐涝，宜选择土层深厚、疏松肥沃、
向阳、排水性能良好的土壤。种植前深耕 30～40cm，施足
农家肥，亩施农家肥 1 500～2 000kg，地块应深耕细作。

（二）育苗移栽

生产上利用茎节扦插育苗进行繁殖。3～5 月，气温达
到15℃以上时开始育苗。选择 6 月龄以上、健康的茎节，
用刀切成小段，每段保留 2～3 个节，每个节 1 个腋芽，芽
眼上部留短，下部留长，腋芽朝上斜插于土壤中。7～10 天
开始出苗，20～30 天后待苗高 20～25cm 时，按株行距
50cm×70cm 移栽。

（三）田间管理

幼苗期要及时中耕除草、浇水，保持土壤湿润。雨天
必须及时排涝。在苗高 60cm 左右时应追施 1 次有机肥。每
次刈割后，结合松土追肥 1 次，每亩尿素用量 5～10kg。苗
期要注意地老虎、蝼蛄、生长期纹枯病、钻心虫的防治。
皇竹草不耐冻害，当温度在 0℃以下时必须采取保暖措施，
可用沙土和地膜覆盖让其顺利越冬。入冬前刈割最后一茬
后，应重施 1 次肥，以厩肥为主，确保根芽的顺利越冬和来
年的再生。

（四）利用

皇竹草可连续生长 6～7 年，每年 4～11 月均可收割。
皇竹草粗纤维含量通常较杂交狼尾草高，饲喂肉牛时可在
1.3～1.8m 刈割利用，全年可刈割 3～5 次，留茬高度 10～
15cm，年亩产鲜草 10 000kg 以上。鲜草产量高、草质好，

主要用作刈割，也可调制青贮料。

### 十三、老芒麦

老芒麦是禾本科披碱草属多年生疏丛型牧草，是川西北高原多年生主要栽培草种。株高 90 ~ 150cm，根系发达，叶量多，抗寒力强，耐低温。年降水量在 350mm 以上可以旱作，降水量低于 350mm 的地区应具备灌溉条件。老芒麦对土壤要求不严，是牧区建立人工打草场的优良栽培草种，生长第 2 年产量达高峰。

（一）整地与施肥

播前一年秋季深耕 15 ~ 20cm，耙碎、整平地面，结合整地施足基肥，亩施农家肥 1 500 ~ 2 000kg 或磷酸二铵 5 ~ 7kg。播前再耙、耱，使地面平整。

（二）播种

种子具长芒，播种前利用碾压等方式进行断芒处理。一般以春季 4 ~ 5 月份播种为宜，春旱严重时可在 6 ~ 7 月份播种。采用条播或撒播，条播行距 15 ~ 30cm，播深 2 ~ 3cm，播种量每亩 1.5 ~ 2.5kg。

（三）田间管理

苗期一般需中耕除草 2 ~ 3 次，每次返青后注意田间杂草防除。老芒麦对氮肥敏感，在拔节至孕穗期，灌溉 1 ~ 2 次，并每亩追施尿素 5 ~ 10kg。

（四）利用

鲜草利用时间为 5 ~ 9 月。播种当年禁牧，第 2 年可放牧或刈割。一般在抽穗前刈割，留茬 4 ~ 6cm，年可刈割 1 ~ 2 次，有灌溉条件的可刈割 2 ~ 4 次，亩产鲜草 4 000 ~ 5 500kg。营养价值高，干物质中含粗蛋白 11.13%，粗脂肪

4%，粗纤维29.95%，无氮浸出物35.22%，灰分12.05%；草质柔嫩，适口性好，可调制良好青干草和青贮饲料，各种家畜均喜食，特别是马和牦牛。

### 十四、披碱草

禾本科披碱草属短期多年生疏丛型牧草，株高80～150cm，须根发达。喜冷凉湿润气候，具有一定的耐寒、耐碱、抗风沙能力，多在干旱草原地区栽培。能够适应较为广泛的土壤类型。播种当年一般只能抽穗开花，结实成熟的很少，第2年才能发育完全，3年以后生长速度及强度显著降低。

#### （一）整地与施肥

初次播种时最好进行秋季深耕，深度在20cm左右。翻耕前每亩施入腐熟的有机肥1 500～2 000kg或磷酸二铵5～7kg。有灌溉条件的地区，可在灌水5～7天后整地播种；没有灌溉条件的地区，播种前需要进行机械灭草、镇压、精细整地，以利于疏松表土、保蓄水分、控制播种深度，保证出苗的整齐度。

#### （二）播种

披碱草种子的芒较长，播前要用脱芒器脱芒或经碾压断芒后播种。播种时间多为春播，一般不会迟于6月。多采用条播，行距15～30cm，亩播种量1.5～2.5kg；播种深度为3～5cm，播种后镇压。

#### （三）田间管理

播种当年披碱草的生长速度相对缓慢，幼苗抗杂草能力较弱，所以在出苗后至封行前要进行2～3次中耕除草。在分蘖前及时灌溉、中耕松土，并追施速效氮肥5～10kg。

披碱草易发生秆锈病，可用敌锈钠、代森锌、石硫合剂或萎锈灵进行化学保护。

（四）利用

利用年限为 4~5 年，第 2~3 年产量最高，鲜草利用时间为 5~9 月。适宜的刈割期为抽穗至始花期，每年可刈割 1~2 次，亩产鲜草 3 000~4 500kg。青刈可直接饲喂牲畜或调制青贮饲料；调制干草除饲喂马、牛、羊外，还可制成草粉喂猪；与豆科或其他禾本科草进行混播的可用于放牧。披碱草是一种很好的护坡、水土保持和固沙植物，也是山地草甸、草甸草原或河漫滩等天然草地适宜条件下补播的主要草种。

**十五、菊苣**

菊苣为菊科菊苣属多年生草本植物。饲用菊苣株高多在 2m 以上，茎直立，根肉质，叶片宽大。喜温暖湿润气候，耐热耐寒，喜阳光，怕涝，对土壤要求不严，喜排水良好、土层深厚、富含有机质的沙壤土和壤土。在荒地、大草原、大田、坡地均能生长，海拔 2 500m 以下地区均可种植，高温高湿地区不能 100% 越夏。

（一）整地与施肥

菊苣根系入土较深、种子细小，要深耕、细耙，施足基肥，每亩施腐熟有机肥 1 500~2 000kg。

（二）播种

栽培不受季节限制，气温在 5℃ 以上都可播种，以 4~10 月份为好。播种方法有条播、撒播和育苗移栽。条播行距 40cm 左右，播深 1~2cm，亩用种量 0.1kg 左右；育苗移栽可用 0.3kg 种子或肉质根育苗，小苗 4~6 片叶时移栽。

（三）田间管理

苗期注意除草，少雨季节要浇水。株高 10cm 时间苗定苗，亩保苗 6 000~8 000 株。刈割后及时灌溉、施肥，每亩地追施速效氮肥 5~7.5kg，第 1 次刈割后的第 2 天喷施 1%~2% 多菌灵，防止伤口感染引起根腐病。

（四）利用

菊苣利用期限 10 年以上，鲜草利用时间为 4~11 月。株高 40~50cm 时刈割，留茬 5cm，每年可刈割 4~6 次，每亩鲜草产量 8 000~12 000kg。菊苣叶片质地细嫩，营养丰富，干物质中含粗蛋白 15%~32%，粗脂肪 5%，粗纤维 13%，富含各种氨基酸及微量元素，而且适口性好，无异味，牛、羊、猪、鸡、兔均喜食。一般可用于青饲，也可青贮或制成干粉。牛羊青饲时，要适当晾晒使水分降到 60% 以下再饲喂，否则易造成拉稀。

十六、苦荬菜

苦荬菜为菊科苦荬菜属一年生或越年生草本植物。株高 1.5~3m，茎粗 1~3cm，茎多分枝。喜温暖、湿润气候，耐寒、耐热、不耐涝，土壤温度达 5~6℃时种子就能发芽，25~35℃时生长最快。苦荬菜对土壤要求不严，各种土壤均可种植，其中以排水良好的中性或微酸性黏壤土最好，耐轻度盐碱，较耐阴，可种植在果林行间。

（一）整地与施肥

种子小而轻，顶土能力弱，土地要整平耙细。结合翻地每亩施入有机肥 2 000~3 000kg，尿素 15~20kg 作为基肥。

（二）播种

播种前，进行温汤浸种 10~15min，或用 50% 福美双可湿性粉剂，或 65% 的代森锌可湿性粉剂拌种，药量为用种量的 0.3%。春季、秋季均可播种，春播以 2 月下旬至 3 月下旬为佳，秋播在 9 ~ 10 月。可采用直播和育苗移栽。直播方法可采用条播、穴播或撒播。条播行距为 25 ~ 30cm，播种深度以 1 ~ 2cm 为宜，每亩播种量 0.5 ~ 1kg。育苗移栽，行株距为 30cm × 15cm，播种量每亩 0.2 ~ 0.5kg。

（三）田间管理

当苗高 5 ~ 6cm 时中耕除草，刈割或剥叶后及时灌水、追肥，每亩追施尿素或复合肥 10 ~ 15kg。注意防治白粉病和蚜虫，防治蚜虫每亩可用 10% 吡虫啉可湿性粉剂 3 000 倍液或 50% 啶虫脒水分散粒剂 3 000 倍液喷雾防治。

（四）利用

可剥叶，也可以整株刈割。每当植株 8 ~ 10 叶时，人工剥外部大叶 3 ~ 5 片。当株高 40 ~ 50cm 时即可刈割，留茬高度 5 ~ 8cm，以利再生。南方刈割 5 ~ 8 次，亩鲜草产量高达 5 000 ~ 7 500kg，高者可达 10 000kg。苦荬菜叶量大，鲜嫩多汁，茎叶中的白色乳浆略带苦味；营养丰富，干草中粗蛋白含量达 21.05% 左右，富含各种维生素及矿物质，适口性特别好，猪、兔、禽尤其喜食，马、牛、羊也喜食。苦荬菜可青饲，还可青贮和制成干草粉，青贮时须压紧，青贮后呈黄色，具芳香气味，有微酸味，猪、兔特喜食。

# 第二节　青粗饲料的加工调制

青粗饲料是反刍动物饲料的主要部分，一般在肉牛饲粮中占 70% ~ 80%。在我国农区主要通过利用农作物秸秆、种植饲料作物和牧草等途径解决反刍动物青粗饲料供应问题。青粗饲料质量直接影响着肉牛生产水平的发挥，生产中常通过各种加工处理方法，改变原料理化性质来改善其营养价值和提高利用效率。加工调制主要有调制青干草、青贮和秸秆的加工调制三类。

## 一、青干草调制与贮藏

青干草是将牧草或其他无毒、无害植物在适宜时期收割后，经自然日晒或人工烘烤干燥，使其大部分的水分蒸发至能长期安全贮存的程度。由于这种干草是青绿植物制成，仍保持一定的青绿颜色，故称为青干草。青干草可以看成是青饲料的加工产品，是为了保存青饲料的营养价值而制成的贮藏产品，具有营养好、易消化、成本低、简便易行、便于大量贮存等特点，是秸秆、农副产品等粗饲料很难替代的草食家畜饲草。青干草调制很大程度上受天气条件的限制，四川农区、农牧结合区域等阴雨寡照区域不适宜调制干草。

干草的营养价值主要受刈割时期、干燥方法和贮藏条件的影响，因此应科学地调制，尽量保持草中的养分。

（一）原料刈割

原料适时刈割，可提高单位面积饲草产量和干草品质，而且有利于多年生牧草次年的返青和生长发育。豆科牧草（紫花苜蓿、草木樨、毛苕子等）在初花期至盛花期刈割，禾本科牧草（燕麦、黑麦草、羊草等）在抽穗期刈割，天然草地牧草在秋季刈割。收割时牧草的留茬高度对于牧草的产量、再生及越冬都有重大影响。一般人工草地留茬高度为 5~6cm，高大牧草、杂类草则为 10~15cm。

（二）干燥的方法

为了调制优质青干草，在牧草干燥过程中，要因地制宜地选择合适的干燥方法。牧草干燥方法较多,既可以利用光照、风力等条件进行自然干燥,也可以利用专用设备、添加化学物质进行干燥。无论是何种方法都要尽量缩短干燥时间,快速干燥,减少牧草营养物质损失。

1. 自然干燥法

自然干燥成本低,操作简单,一般农户均可采用,但是制作的干草质量较差,仅能保存鲜草50% ~ 70%的养分,易受气候和环境等因素的影响。自然干燥又分地面干燥法、草架干燥法和发酵干燥法,其中地面干燥法是当前普遍采用的方法。

2. 人工干燥法

人工干燥法效率高,劳动强度小,制作的干草质量好,可保存鲜草90% ~ 93%的养分,但成本高。人工干燥法可分为常温风鼓干燥法和高温干燥法。常温鼓风干燥法是通过把刈割后的牧草在田间就地晒至水分40% ~ 50%,再放置于设有通风道的干草棚内,用鼓风机、电风扇等吹风装置,进行常温吹风干燥。高温快速干燥法是将新鲜青绿饲料置于烘干机内,在800 ~ 1 100℃的条件下,经过3 ~ 5s干燥使水分迅速降到10% ~ 12%,可达到长期贮存的要求。工厂化生产草粉、草块时先将新鲜青绿饲料切碎成2 ~ 3cm,用此法干燥后,再由粉碎机粉碎成粉状或直接制成干草块。

(三) 青干草的贮存

青干草的贮存是调制干草过程中的一个重要环节。贮存时,注意干草的含水量,必须要干燥,还要注意通风、防雨、防自燃,定期检查维护,发现漏缝、温度升高,应及时采取措施加以维护。

1. 散干草的贮藏

露天堆垛：这是一种最经济、较省事的贮存青干草的方法。选择离畜舍较近、平坦、干燥、易排水的地方，做成高出地面的平台，台上铺上树枝、石块或作物秸秆约30cm厚，作为防潮底垫，四周挖好排水沟，堆成圆形或长方形草堆。长方形草堆，一般高6~10m，宽4~5m；圆形草堆，底部直径3~4m，高5~6m。堆垛时，第一层先从外向里堆，使里边的一排压住外面的梢部。如此逐排向内堆排，成为外部稍低、中间隆起的弧形。每层30~60cm厚，直至堆成封顶。封顶用绳索纵横交错系紧。堆垛时应尽量压紧，加大密度，缩小与外界环境的接触面，垛顶用薄膜封项，防止日晒漏雨，以减少损失。为了防止自燃，上垛的干草含水量一定要在15%以下。堆大垛时，为了避免垛中产生的热量难以散发，应在堆垛时每隔50~60cm垫放一层硬秸秆或树枝，以便于散热。

草棚堆藏：气候湿润或条件较好的牧场应建造简易的干草棚或青干草专用贮存仓库，避免日晒、雨淋。堆草方法与露天堆垛基本相同，要注意干草与地面、棚顶保持一定距离，便于通风散热。也可利用空房或房前屋后能遮雨的地方贮藏。

2. 压捆青干草的贮藏

散干草体积大，贮运不方便，为了便于贮运，使损失减至最低限度并保持干草的优良品质，生产中常把青干草压缩成长方形或圆形的草捆，然后一层一层叠放贮藏。草捆垛的大小，可根据贮存场地加以确定，一般长20m，宽5m，高18~20层，干草捆每层应有0.3m³的通风道，其数目根据青干草含水量与草捆垛的大小而定。

干草经过长期贮存后，干物质的含量及消化率降低，胡萝卜素被破坏，草香味消失，适口性也差，营养价值下降。因此，过长时间的贮存或是隔年贮藏的方法是不适宜的。

（四）干草的品质鉴定

干草品质应根据营养物质和消化率综合评定，但在生产实践中常采用眼观、手摸、鼻嗅等方法直接判定干草品质。一般将干草的牧草种类组成、颜色、气味、干草叶量及水分含量等外观特征作为评定干草品质好坏的依据。

1. 牧草种类组成

干草中植物种类对其品质有重要影响，植物种类不同，其营养价值差异很大。牧草种类组成常分为豆科、禾本科、其他可食牧草、不可食牧草及有毒植物5类。优质豆科或禾本科牧草所占的比例越大，干草品质越好；杂草数量多时则干草品质较差。人工栽培牧草非本品种杂草比例不超过50%、天然草地禾本科超过60%即为优良。

2. 颜色、气味

干草的颜色和气味是干草调制好坏的最明显标志。胡萝卜素是鲜草各类营养物质中最难保存的一种成分。干草的绿色程度愈高，不仅表示干草的胡萝卜素含量高，而且其他成分的保存也愈多。按干草的颜色，可分为四类。

鲜绿色：表示青草刈割适时，调制过程未遭雨淋和阳光强烈暴晒，储存过程未遇高温发酵，能较好地保存青草中的养分，属优良干草。

淡绿色（或灰绿色）：表示干草的晒制与储存基本合理，未受到雨淋发霉，营养物质无重大损失，属良好干草。

黄褐色：表示青草收割过晚，晒制过程中虽受雨淋，

储存期内曾经过高温发酵，营养成分损失严重，但尚未失去饲用价值，属次等干草。

暗褐色：表明干草的调制与储存不合理，不仅受到雨淋，而且已发霉变质，不宜再做饲用。

干草的芳香气味，是在干草储存过程中产生的，田间刚晒制或人工干燥的干草并无香味，只有经过堆积发酵后才产生此种气味，可作为干草是否合理储存的标志。

3. 叶片含量

干草叶片的营养价值较高，所含的矿物质、蛋白质比茎秆中多1~1.5倍，胡萝卜素多10~15倍，纤维素少1~2倍，消化率高40%。因此，叶量多少是干草营养价值高低最明显指标。鉴定时，取一束干草，看叶量多少，优质干草叶片基本不脱落或很少脱落，劣质干草叶片存量少。由于禾本科牧草的叶片不易脱落，豆科牧草的叶片极易脱落，所以优质豆科干草中叶量应占干草总量的50%以上，优质禾本科干草的叶片应不脱落。

4. 含水量

干草的含水量应为14%~17%，含水量超过20%不利贮藏。测定时，将干草束用手握紧或搓揉时无干裂声，干草拧成草辫松开时干草束散开缓慢，且不完全散开，弯曲茎上部不易折断为适宜含水量；当紧握干草束时发出破裂声，松手后迅速散开，茎易折断，说明干草较干燥，易造成机械损伤；当紧握干草束后松开，干草不散开，说明草质柔软，含水量高，易造成草垛发热或发霉，草质较差。

（五）干草的饲喂

良好的干草所含营养物质能满足肉牛的维持营养需要并略有增重。可采取自由采食或限量饲喂，单独饲喂干草

· 136 ·

时，其进食量为牛体重的 2% ~ 3% 。干草质量越好，进食量越高。生产上，干草常与一定的精饲料相搭配饲喂。在饲喂过程中注意剔除霉烂的干草，最好切短、粉碎再饲喂，这样可减少浪费。

## 二、青贮饲料制作

青贮饲料是把新鲜青绿饲料通过微生物厌氧发酵和化学作用条件下制成的一种适口性好，消化率高和营养丰富的饲料，是保证常年均衡供应家畜饲料的有效措施。用青贮方法能够很好地保存青绿饲料养分，使其质地变软，具有香味，能促进牛羊食欲，解决冬春季节饲草的不足。同时，制作青贮料比堆垛同量干草要节省一半占地面积，还有利于防火、防雨、防霉烂等。

### （一）青贮原料应具备条件

#### 1. 适宜糖分含量

青贮原料含糖量高低是影响青贮成功的主要条件。要调制优良的青贮料，青贮原料必须要有一定含糖量，一般至少为其鲜重的 1% ~ 1.5% ，才能保证乳酸菌大量繁殖，形成足量乳酸将 pH 值降到 4.2 左右。含糖分高的原料易于青贮，如玉米秸、禾本科牧草、甘薯秧等可单独进行青贮；含糖低的原料不易青贮，如紫花苜蓿、草木樨、三叶草、饲用大豆等豆科植物，应与含糖量高的原料混合青贮，或添加制糖副产物如鲜甜菜渣、糖蜜等。

#### 2. 水分含量适中

青贮原料水分含量影响青贮发酵的过程和青贮料的品质。一般来说，原料含水量以 65% ~ 75% ，才能保证微生物正常活动。如果原料含水过多，会降低含糖量，造成养分大量流失，不利于乳酸菌生长，影响青贮料品质。如果青贮原料过干，难以踩实压紧，造成好气性菌的大量繁殖，使饲料发霉腐烂。判断适宜含水量方法：将青贮原料切短或搓揉成丝状，用手握紧，指缝有水珠而不滴下时为宜。对于水分过高的青贮原料，可稍加晾干或掺入适量的干料；对于水分过低的青贮原料，可加适量的水或与含水量高的青绿饲料等混贮。

3. 厌氧环境

乳酸菌是厌氧菌，在厌氧环境下能快速繁殖。反之，有氧条件下乳酸菌的生长就会受到抑制，而腐败菌等有害菌是好氧菌，能大量生长。因此，要创造利于乳酸菌生长、抑制腐败菌生长的环境，原料在装窖时必须压实，排出空气，装填后必须将顶部密封好，防止漏气。

4. 保证适宜的温度

原料温度在 25 ~ 35℃时，乳酸菌能够大量繁殖，并抑制其他杂菌（丁酸菌等）繁殖。温度愈高，营养物质损失就愈多，当窖内温度上升到 40 ~ 50℃时，其营养物质的损失则高达 20% ~ 40%。因此，迅速装窖、踩实、压紧乃是保证适温的先决条件。

（二）青贮设备的选择

1. 因地制宜，采用不同形式

可修建永久性的建筑设备，亦可挖掘临时性的土窖，还可利用闲置的贮水池、发酵池等。我国南方小型养殖专业户则可利用木桶、水缸、塑料袋等；在地下水位较低、冬季寒冷的地区，可采用地下或半地下式青贮窖或青贮壕。青贮设备种类较多，有青贮窖、塔、壕、袋、池及平地青贮等。每一设备均有其优缺点，生产中应根据实际需要进行选择。

2. 青贮壕

是指大型的壕沟式青贮设备，适于大型养殖场短期内大量保存青贮饲料。大型青贮壕长 10~60m、宽 4~6m、高 2.5~6m。在青贮壕的两侧有斜坡，便于车辆压实和运输。底部为混凝土结构，两侧墙与底部接合处修一水沟，以便排泄青贮料渗出液。青贮壕的底面应倾斜，以利排水。青贮壕最好用砖石砌成永久性建筑，以保证密封和提高青贮效果。青贮壕的优点是便于人工或机械装填、压紧和取料，可从任一端开窖取用，对建筑材料要求不高，造价低。缺点是密封性较差，养分损失较大，耗费劳力较多。

3. 青贮池

青贮池有地上式、地下式及半地下式 3 种。地下式青贮池适用于地下水位低、土质较好的地方；地上式或半地下式青贮池适用于地下水位高、土质较差的地方；青贮池以长方形为好，池四周用砖石砌成，三合土或水泥抹面，坚固耐用，内壁光滑不透气、不透水。青贮池是目前南方区域比较常用的青贮设施，它具有投资小、贮料和取料方便、青贮浪费率低等优点。

4. 袋贮与裹包青贮

用聚乙烯无毒塑料薄膜制成的塑料袋，双幅袋形塑料，厚度 8~12 丝、宽 100cm、长 100~170cm，为防穿孔，也可用 2 层，可贮青贮饲料约 200kg。塑料袋青贮方法设备简单，方法简便，浪费少，适用于小规模饲养。

有条件的地方，也可购买裹包青贮机械，用塑料拉伸膜将青贮原料用机器压成圆捆，再用裹包机包被在草捆上进行青贮。

（三）青贮调制方法

1. 清理青贮设施

青贮设备再次利用前应进行彻底的清理、晾晒或消毒，破损处应修补。

2. 适时收割原料

调制青贮料的原料种类较多，有专门种植的牧草及饲用作物、农副产品及食品加工业废弃物、野生植物。如苏丹草、黑麦草、青贮玉米、甜高粱、玉米秸、甘薯藤、甜菜渣等，其中以青贮玉米、玉米秸最为常见。

对这些原料要适时收割，才能获得较高的收获量和最好的营养价值，从而保证青绿饲料营养价值。过早收割会影响产量，过晚收割则会使青饲料品质降低。带穗玉米蜡熟期收割，豆科牧草现蕾至初花期刈割，禾本科牧草在孕穗至抽穗时刈割，甘薯藤和马铃薯茎叶等在收薯前 1～2 天或霜前收割，农作物秸秆应在具有一半以上的绿色叶片时收割，玉米秸在收获玉米的同时收割，应尽量争取提前收割。

3. 切短

青贮料切短长度因种类不同而异，玉米等高大禾草秸秆切短长度以 2～3cm 为宜；黑麦草、苜蓿等低矮饲草切短长度为 3～4cm。铡短前先将霉烂、带泥沙或不干净的原料除去。

4. 装填

装填前，底部铺 10～15cm 厚的秸秆，以便吸收液汁。装填原料时需要调节水分，使其含水量在 65%～70% 为宜，装填要踏实，可用推土机碾压，人力夯实，一直装到高出窖沿 60cm 左右，即可封顶。袋装法须将袋口张开，将青贮原料每袋装入专用塑料袋，用手压和用脚踩实压紧，直至装填至距袋口30cm左右时，抽气、封口、扎紧袋口。

5. 封窖

上面用塑料薄膜覆盖好后，用细土、轮胎等封严压实，封窖后需要加强后期管理，若发现窖顶下陷或裂缝，应及时加土或使用胶带密封，防止雨水、空气进入窖内。

6. 管理

密封后应经常检查，若发现下陷或裂缝，应及时用土或胶带封严，杜绝漏气、漏雨。窖的四周要修好排水沟，以便排水。袋贮时要放在适当的地方，防止老鼠咬破，温度0℃以下时要用树叶、杂草等盖好进行保温防冻。

（四）青贮料的品质鉴定（感官鉴定标准）

开启青贮容器时，根据青贮料的颜色、气味、口味、质地、结构等指标，通过感官评定其品质好坏，这种方法简便、迅速。青贮饲料感官鉴定标准见表7-1。

表7-1　青贮饲料感官鉴定标准

| 项目 | 品质要求 | | |
| --- | --- | --- | --- |
| | 优 | 中 | 劣 |
| 色 | 黄绿、青绿近原色 | 黄褐、暗褐 | 黑色、墨绿 |
| 香 | 芳香、酒酸味 | 有刺鼻味、香味淡 | 刺鼻臭味、霉味 |
| 味 | 酸味浓 | 酸味中 | 酸味淡 |
| 手感 | 湿润松散 | 发湿 | 发黏、滴水 |
| 结构 | 茎、叶、茬保持原状 | 柔软、水分较多 | 腐烂成块、无结构 |
| pH 值 | ≤4.1 | 4.2~4.5 | ≥4.6 |

色泽：优质的青贮饲料非常接近于作物原先的颜色。若青贮前作物为绿色，青贮后仍为绿色或黄绿色最佳。青贮器内原料发酵的温度是影响青贮饲料色泽的主要因素，

温度越低，青贮饲料就越接近于原先的颜色。对于禾本科牧草，温度高于30℃，颜色变成深黄；当温度为45~60℃，颜色近于棕色；超过60℃，由于糖分焦化近乎黑色。一般来说，品质优良的青贮饲料颜色呈黄绿色或青绿色，中等的为黄褐色或暗褐色，劣等的为黑色或墨绿色。

气味：品质优良的青贮料具有轻微的酸味和水果香味。若有刺鼻的酸味，则醋酸较多，品质较次。腐烂腐败并有臭味的则为劣等，不宜喂家畜。总之，芳香而喜闻者为上等，而刺鼻者为中等，臭而难闻者为劣等。

质地：植物的茎叶等结构应当能清晰辨认，结构破坏及呈黏滑状态是青贮腐败的标志，黏度越大，表示腐败程度越高。优良的青贮饲料，在窖内压得非常紧实，但拿起时松散柔软，略湿润，不黏手，茎叶花保持原状，容易分离。中等青贮饲料茎叶部分保持原状，柔软，水分稍多。劣等的结成一团，腐烂发黏，分不清原有结构。

pH值：将pH试纸放入青贮料中，1min后取出试纸，pH值在4.2以下为品质优良的青贮饲料，pH值在4.2~4.5之间为品质中等的青贮饲料，pH值在大于4.6为品质低劣的青贮饲料。

（五）青贮料的取用及饲喂

青贮经30~50天发酵完成，即可开窖使用。开窖时，先从窖顶上部或壕的一端开始连续、逐层取用，每天现取现喂，发现腐烂变质青贮料及时抛弃，以免造成家畜中毒或消化不良。取用后用塑料薄膜将口封好，防止二次发酵。青贮料喂量从少到多，让牲畜逐步适应。青贮饲料的参考日喂量：犊牛5~10kg、育成牛8~15kg、育肥牛10~20kg。

### 三、秸秆的加工调制

（一）农作物秸秆加工调制

作物秸秆具有体积大、难消化、可利用养分少等特点，鉴于这些特点就必须进行加工处理，方可大大提高饲用率。加工处理方法一般可分为物理加工法、化学加工法、微生物发酵法等三大类。

1. 物理加工法

利用人工、机械、热和压力等方法，将秸秆的物理性状改变，把秸秆切短、撕碎、粉碎、浸泡和蒸煮软化等都是物理学方法。物理加工处理后，便于咀嚼，减少能耗，提高采食量，并减少饲喂过程中的饲料浪费。

（1）切碎。饲喂切碎的秸秆可减少因咀嚼而消耗的能量，减少浪费。与其他饲料配合使用，可增加采食量。饲喂肉牛的粗饲料切短长度一般为 2～3cm，玉米秸粗硬且有结节，以 1cm 左右为宜。

（2）粉碎。秸秆经粉碎后可提高采食量，以弥补其本身的能量不足。但要注意的是不可粉得过细，否则会影响反刍。一般细度为 0.7cm 左右效果较好。

（3）揉搓。使用揉搓机将秸秆饲料揉搓成丝状，不但提高了饲料适口性，也提高了饲料转化率，是目前秸秆利用比较理想的加工方法。

（4）浸泡。将农作物秸秆放在一定量的水中进行浸泡处理，再用经浸泡后的秸秆料去喂家畜，也是一种简单的物理处理方法。经浸泡后的秸秆，质地柔软，提高了适口性。

（5）蒸煮。将农作物秸秆放在具有一定压力的容器中进行蒸煮处理，也能提高秸秆适口性和利用效率。

（6）膨化与热喷。膨化处理是将秸秆放在密闭的膨化设备中，用高温（200℃）高压（1.5MPa）水蒸气处理一定的时间，再突然降压，使饲料膨化的一种技术。膨化处理的原理是使木质素低分子化和分解结构性碳水化合物，从而增加可溶性成分。但是，在目前的条件下，由于这类处理的设备投资较高，还很难在实践中推广应用。

（7）饲料的干燥和颗粒化处理。干燥的目的是减少水分，保存饲料。颗粒化处理，是将秸秆粉碎后再加上少量黏合剂而制成颗粒饲料，使得经粉碎的粗饲料通过消化道的速度减慢，防止消化率下降。

2. 化学处理法

利用酸、碱等化学物质对秸秆饲料进行处理，降解纤维素和木质素中部分营养物质，以提高其饲用价值。

（1）碱化法。碱化法可使纤维素结构软化，使木质素、硅酸盐转变为可溶性物质。同时，处理过的秸秆呈碱性，而牛瘤胃微生物在碱性条件下能有效地分解粗纤维，从而提高粗饲料的营养价值。碱化法的主要原料为氢氧化钠和生石灰水。方法：将未铡碎的秸秆铺放成25cm厚，喷洒2%氢氧化钠和1.5%生石灰水混合压实后，铺一层后再喷洒。每100kg秸秆喷150～250kg混合液。1周后切碎饲喂。

（2）氨化法。在作物秸秆中加入一定比例的氨水、尿素等，改变秸秆形态结构，提高消化利用率。方法：将秸秆饲料切成2～3cm长的小段，以密闭的塑料薄膜或氨化窖为容器，以液氨、氨水、尿素、碳酸氢铵中的任何一种氮化合物为氮源，使用占风干秸秆饲料重2%～3%的氨，使秸秆的含水量达到20%～30%，在外界温度为20～30℃的条件下处理7～14天，外界温度为0～10℃时处理28～56天，外界温度为10～20℃时处理14～28天，30℃以上时处理5～7天，使秸秆饲料变软变香。

（3）酸化处理。硫酸、盐酸、磷酸和甲酸等酸类物质处理秸秆，称之为酸化处理法，前两者多用于秸秆的木材加工副产物，后两者则多用于保存青贮饲料。酸处理能破坏秸秆中纤维类物质的结构，提高动物对粗饲料的消化利用率。例如，用1%稀硫酸和1%稀盐酸喷洒秸秆，消化率可达65%。

3. 微生物处理

主要是利用微生物的发酵作用，增加秸秆的柔软性和膨胀度，并使难消化的粗纤维分解，生成菌体蛋白，从而提高粗料质量，增进适口性和采食量。常用的有自然发酵法、微生物发酵法及酶解法。

（1）自然发酵。就是利用粗料上原有的细菌进行发酵，一般常见的是秸秆青贮。适时刈割的秸秆（含水量在40%～75%）青贮时，在厌氧环境下乳酸菌大量繁殖，从而将原料中的淀粉和糖转变成乳酸，青贮料的pH值在短期内达到4.0～4.2，这时霉菌和腐败菌的生长均受到抑制，使得养分保存下来。此外，由于产生相当数量的有机酸，饲料不仅具有酸香味，适口性增加，并且能够促进消化液分泌。

（2）微生物发酵法。主要指秸秆微贮，该技术通过加微生物高效活性菌种，在密闭的厌氧条件下，促进秸秆纤维素、半纤维素和木质素的分解，使秸秆具有酸香味，改善秸秆的适口性，提高其消化率，并增加营养。

（3）酶解法。酶作为生物化学反应的催化剂，本是生物体自身所产生的一种活性物质。酶制剂无毒、无残留、

无副作用，是优质的新型促生长类饲料添加剂。通过添加
酶制剂处理秸秆饲料，可以促进蛋白质、脂肪、淀粉和纤
维素的水解，从而促进对饲料营养的消化吸收，最终提高
秸秆饲料的营养价值和饲用效果。

（二）糟渣类饲料加工调制

糟渣类饲料是用甜菜、禾谷类、豆类等生产糖、淀粉、
酒、醋、酱油等产品之后的副产品，如甜菜渣、淀粉渣、
啤酒糟、白酒糟、釉酒糟、醋渣、酱油渣、饴糖渣、豆腐
渣等。对其综合利用不仅有利于畜牧业的发展，而且可减
少污染，保护环境。

1. 糟渣类饲料资源种类及营养特点

糟渣类饲料具有来源广，价格低廉，适口性好等特点，
合理饲用可有效降低养殖成本。新鲜的糟渣水分含量超过
75%，适宜做青贮使用。但是，高水分含量易使糟渣类饲料
发霉腐败，不耐贮存。另外，糟渣类饲料营养单一，单独
使用得不到良好效果，而且饲喂后，牛容易患消化障碍病
和营养缺乏病，有时甚至中毒。因此，只有科学搭配，合
理利用副产品饲料，才能做到节约精料用量，收到良好的
饲养效果。

（1）白酒糟。由于白酒糟中可溶性碳水化合物被发酵
提取，其他营养成分相应提高。酿酒过程中，常在原料中
加入一定比例的谷壳作为疏松通气物质，以便多出酒，却
导致白酒糟营养价值大为降低。含壳白酒糟成分：粗蛋白
16%～25%，粗纤维15%～20%，是育肥肉牛的好原料，
鲜糟日用量控制在5～20kg。

（2）啤酒糟。以大麦为原料，经发酵提取其籽实中部
分可溶性碳水化合物酿造啤酒后的工业副产品。鲜啤酒糟

中含水分75%以上，过瘤胃蛋白质含量较高，并含有啤酒酵母。干糟中蛋白质为20%～25%，纤维含量10%～14%，啤酒糟饲喂肉牛，可代替部分精饲料或优质干草，有明显的增重效果。育肥牛日饲喂量10～25kg。

（3）淀粉渣。玉米淀粉渣：玉米淀粉渣含有较多的粗纤维及少量的淀粉和蛋白质，适口性较好，可以鲜喂。玉米淀粉加工时含有少量亚硫酸，易导致草食家畜发生膨胀病和酸中毒，可在饲料中加入小苏打缓解。

薯类淀粉渣：薯类淀粉渣是主要以马铃薯、甘薯、木薯为原料的粉渣，其干物质主要是淀粉，其中无氮浸出物含量高，粗纤维含量低，粗蛋白含量极少。薯类淀粉渣主要是用于鲜饲，但过多饲喂或贮存不当易发霉，造成肉牛等反刍动物瘤胃积食、瘤胃鼓气、肠炎等胃肠道疾病。

（4）醋糟。醋糟是玉米、高粱等原料酿醋的主要下脚料，其含粗蛋白6%～10%，粗脂肪2%～5%，无氮浸出物20%～30%，粗灰分13%～17%，钙0.25%～0.5%，磷0.16%～0.37%。醋糟中含有醋酸，有酸香味，能增加动物的食欲，但不能单一饲喂，最好与碱性饲料混合饲喂，犊牛阶段不宜饲喂。

2. 糟渣类的加工与贮藏

我国的糟渣类资源丰富，种类多，数量大，仅酿酒、淀粉、果品加工每年就可产生上亿吨的糟渣。因原料组成、生产工艺不同而其营养价值不同。糟渣类饲料普遍营养物质含量丰富，是受养殖户欢迎的廉价饲料资源。但是新鲜糟渣类饲料的共同特点是含水量高，如鲜白酒糟含水量高达65%以上，鲜木薯渣含水量80%～90%，若不及时贮藏处理极易腐败变质，既浪费饲料资源，又对环境造成污染。

同时糟渣类饲料的生产易于受到环境温湿度、季节变化的影响，易造成养殖场糟渣类饲料季节供应不平衡，而且受到运输距离和成本的限制。传统的烘干保藏易损失营养物质和增加燃料成本，晒干保藏易受天气和场地的影响，因此糟渣类饲料的贮藏技术是实现糟渣类饲料有效利用的关键实用技术。

（1）单独贮藏。选用新鲜的糟渣饲料，夏季选用生产出不超过 1 天的糟渣，冬季不超过 3 天的糟渣。运输途中防淋雨，凡被污染的、发臭变质的糟渣均不可作饲料，贮存前对混入的土石块、塑料薄膜等杂物进行清理。该技术关键控制点：选用新鲜糟渣，贮藏中压实，严格密封厌氧。

（2）混合贮藏。酒糟与干稻草混贮：该技术是利用干稻草含水量低的特点，来控制白酒糟含水量高的缺点，甚至可做低水分贮藏，其关键是混贮比例，酒糟:稻草的比例一般选（8~10）:1，其次是稻草要铡短，长度为 1~2cm，如果能将稻草用揉切机揉切，长度为 3~5cm，否则不易压实排出空气。

木薯渣与玉米秸秆混贮：由于木薯渣含水量高，可与收获玉米棒后的玉米秸秆混合贮存。将玉米秸秆切短为 2~3cm 长，揉切的玉米秸秆更好，每 10~20cm 厚切短的玉米秸秆上铺一层木薯渣，木薯渣加入量可根据玉米秸秆的含水量添加，推荐比例是木薯渣:玉米秸秆 2:1。

木薯渣与干甘蔗梢混合贮存：方法与玉米秸秆混贮相同，木薯渣与干甘蔗梢混贮的比例是 2:1。

柑橘渣与玉米芯混贮：柑橘渣与玉米芯混合贮存可实现营养的互补。玉米芯粉碎后与柑橘渣按 4:6 的比例混合，将混贮料抓一把紧握在手里，有水珠流到指缝，但不滴落下来，将手松开混贮料会松散开来，这样水分就合适了。再额外加入玉米芯与柑橘渣总重量的 7% 的玉米粉、0.3% 的尿素、0.001 5% 的乳酸菌，均匀混合。

（3）特种贮藏。可在糟渣中添加尿素、氯化铵、乳酸菌等符合法规的贮藏添加剂。以酒糟中添加氯化铵为例进行特种贮藏：添加氯化铵可以提高酒糟的氮含量，并具有杀菌、抑菌作用，有助于防止开窖后白酒糟二次发酵腐败。在酒糟中添加氯化铵饱和溶液（常温下可按 100g 水配 40g 氯化铵）贮藏，氯化铵添加量为 0.3%。为了让氯化铵与白酒糟混合均匀和控制水分增加，贮藏中根据窖藏酒糟量确定氯化铵的量，将其溶于水后，在装填酒糟过程中用喷雾器喷入。

# 第八章　肉牛饲养管理技术

## 第一节　种公牛的饲养管理

### 一、种公牛的质量要求

作种用的肉用型公牛，其体质外貌和生产性能均应符合本品种的种畜特级和一级标准，经后裔鉴定后才能作为种用公牛。肉用性能和繁殖性状是肉用型种公牛极其重要的两项经济指标。其次，种公牛须经检疫确认无传染病，体质健壮，对环境的适应性及抗病力强。

### 二、种公牛的饲养

种公牛不可过肥，但也不可过瘦。过肥的种公牛一般性欲较弱，但过瘦则精液质量不佳。成年种公牛营养中重要的是蛋白质、钙、磷和维生素，这些物质直接影响精液品质。5 岁以上成年种公牛已不再生长，为保持种公牛的种用膘情而使其不过肥，能量的需要以达到维持基础需要即可。当采精次数频繁时，则应增加蛋白质的供给。

对种公牛，应供给适口性强、易消化的饲料，精、粗饲料应搭配适当，保证营养全面充足。种公牛精、粗饲料的用量可依据不同公牛的体况、性活动能力、精液质量、承担的配种任务等方面酌情处理。一般精饲料的用量按每天每头 100kg 体重 1.0kg 供给；粗饲料应以优质豆科干草为主，搭配禾本科牧草，不能饲喂酒糟、秸秆、果渣及粉渣等劣质粗饲料；青贮饲料应和干草搭配饲喂，并以干草为主，冬季补充胡萝卜。

注意青绿饲料和粗饲料饲喂不可过量，以免形成草腹，影响采精和配种。碳水化合物含量高的饲料也应少喂，因为易造成种公牛过肥而降低配种能力；菜籽饼、棉籽饼有影响精液品质的作用，不宜用作种公牛饲料；豆饼虽富含蛋白质，但它是生理酸性饲料，饲喂过多易在体内产生大量有机酸，对精子不利，因此应控制饲喂量。

公牛日粮中的钙不宜过多，特别是对老年公牛，一般当粗饲料为豆科牧草时，精饲料中就不应再补充钙质。

要保证公牛有充足清洁的饮水，但配种或采精前后、运动前后30min以内不应饮水，以防影响公牛健康。

种公牛日粮可分为上、下午定时定量喂给，夜晚饲喂少量干草；日粮组成要相对稳定，不要经常变动。每2~3个月称体重1次，检查体重变化，以调整日粮配方。饲喂要先精后粗，防止过饱。每天饮水3次，夏季增加到5次，但要注意采精或配种前禁止饮水。

### 三、种公牛的管理

种公牛的饲养管理一般要指定专人，因为公牛的记忆力强，防御反射强，性反射强，随便更换饲养管理人员，容易给牛以恶性刺激。饲养人员在管理公牛时，特别要注意安全，并有耐心，不粗暴对待，不得随意逗弄、鞭打或虐待公牛。同时圈舍地面应平坦、坚硬、不漏，且远离母牛舍。舍内温度应在10~30℃，夏季注意防暑，冬季注意防寒。

1. 拴系

种牛必须拴系饲养，防止伤人。一般公牛在 10～12 月龄时穿鼻戴环，经常牵引训导，鼻环须用皮带吊起，系于缠角带上。绕角上拴两条系链，通过鼻环，左右分开，拴在两侧立柱上。鼻环要经常检查，如有损坏及时更换。

2. 牵引

种公牛的牵引要用双绳牵，两人分左右两侧，人和牛保持一定距离。对烈性种公牛，用勾棒牵引，由一人牵住缰绳，另一人用勾棒勾住鼻环来控制。

3. 护蹄

种公牛经常出现趾蹄过度生长的现象，影响牛的运动、觅食和配种。因此饲养人员要经常检查趾蹄有无异常，保持清洁卫生。为了防止蹄壁破裂，可经常涂抹凡士林或无刺激性的油脂。发现蹄病及时治疗。做到每年春、秋各削蹄 1 次。蹄形不正要及时矫正。

4. 睾丸及阴囊的定期检查和护理

种公牛睾丸的最快生长期是 6～14 月龄。因此在这个阶段要加强营养和护理，经常对睾丸进行按摩，每次 5～10min；注意阴囊的清洁卫生，定期进行冷敷，以改善精液质量。

5. 运动

种公牛每天上、下午各进行一次运动，每次 2h 左右。

6. 合理利用

种公牛的使用要合理适度，一般 1.5 岁牛采精每周 1 次或 2 次，2 岁后每周 2 次或 3 次，3 岁以上可每周 3 次或 4 次。交配和采精时间应在饲喂后 2～3h 进行。

## 第二节　繁殖母牛的饲养管理

人们饲养肉用母牛的目标是：母牛产犊后返情早，配种后受胎率高，最好能达到一年一胎；母牛泌乳性能高，哺育犊牛的能力强；同时生产的犊牛质量好，断奶成活率高。

### 一、繁殖母牛的关键营养与供应

饲养成年母牛的效益只能通过繁殖成活率来体现，这个指标与母牛的营养关系十分密切。要使饲养母牛的效益提高，必须做到一年一胎，而母牛营养的供应影响着母牛受配率和受胎率乃至产后犊牛的成活率，对能否达到饲养者的目的起着决定性作用。一般情况下肉用繁殖母牛多以青、粗饲料为主，补饲少量精料。在满足能量供应的前提下，提供适量的蛋白质。在正常情况下容易发生缺磷，缺磷对繁殖率有严重的影响，可使母牛受胎率、泌乳力下降。维生素 A 是繁殖母牛饲料中最重要的维生素，若缺乏可降低母牛的繁殖效率。通过给母牛补充适量的维生素 A，还可改善初生犊牛的维生素状况，但维生素 A 的添加水平必须很高，因为维生素 A 在瘤胃和真胃内被破坏严重；配种前应进行"短期优饲"，但要防止营养过剩，过度肥胖会导致母牛卵巢脂肪变性而影响卵泡成熟和排卵，同时也容易发生难产。产犊前后 70 天的各种营养供应，是繁殖母牛饲养的关键。

### 二、提高肉用母牛繁殖力的饲养管理措施

1. 保证饲料营养的均衡供给

饲料营养包括水、能量、蛋白质、矿物质和维生素等，

营养对母牛繁殖力的影响是极其复杂的过程。营养不良或营养水平过高，都将对母牛发情、受胎率、胚胎质量、生殖系统功能、内分泌平衡、分娩时的各种并发症（难产、胎衣不下、子宫炎、受胎率降低）等产生不同程度的影响。饲养者应根据母牛不同生理特点和生长生产阶段要求，按照常用饲料营养成分和饲养标准配制饲粮，精、青、粗合理搭配，实行科学饲养，保证母牛良好的种用体况，切忌掠夺式生产，造成母牛泌乳期间严重负平衡。

2. 降低热应激

牛是耐寒怕热的动物，适宜温度为 0~21℃，而夏季气温往往高达 30℃甚至更高，对牛采食量、产奶、繁殖等性能产生严重影响。热应激导致牛内分泌失调，卵细胞分化发育、受精卵着床和第二性征障碍，降低受精率和受胎率，所以降低热应激对繁殖母牛的影响是夏季饲养管理中的重要工作内容。牛场经济实用的防暑降温方法是在牛舍内安装喷淋装置实行喷雾降温，并安装电风扇促进空气流通进行物理降温。

3. 实行产后监控

母牛产后监控是在常规科学饲养管理条件下，从分娩开始至产后 60 天之内，采用观察、检测、化验等手段，对产后母牛实施以生殖器官为重点，以产科疾病为主要内容的全面系统监控，及时处理和治疗母牛生殖系统疾病或繁殖障碍，对患有子宫内膜炎的个体尽早进行子宫净化治疗，促进产后母牛生殖机能尽快恢复。

4. 减少母牛繁殖障碍

母牛的繁殖障碍有暂时性和永久性不孕症之分，主要有阴道炎、隐性子宫内膜炎、慢性子宫炎、卵巢机能不全、持久黄体、卵巢囊肿、排卵延迟、繁殖免疫障碍、营养负平衡引起的生殖系统机能复原延迟等。造成母牛繁殖障碍的主要原因包括三个方面：一是饲养管理不当引起（占30%～50%）；二是生殖器官疾病引起（占20%～40%）；三是繁殖技术失误引起（占10%～30%）。主要对策是科学合理的饲养管理、严格繁殖技术操作规范、实施母牛产后重点监控和提高母牛不孕症防治效果。

### 三、妊娠期母牛的饲养管理

妊娠母牛的饲养管理，其主要任务是保证母牛的营养需要和做好保胎工作；妊娠母牛的营养需要与胎儿生长有直接关系。妊娠牛若营养不足，会导致犊牛初生重小、生长慢、成活率低。妊娠5个月前胎儿生长发育较慢，可以和空怀牛一样饲养，一般不增加营养，只保持中上等膘情即可。胎儿增重主要在妊娠的最后3～4个月，此期的增重占犊牛初生重的70%～80%，需要从母体吸收大量营养。若胎儿期生长不良，出生后将难以补偿，使犊牛增重速度缓慢，饲养成本增加。同时母牛还需要在体内蓄积一定养分，以保证产后泌乳。到分娩前母牛至少需增重45～70kg，才足以保证产后的正常泌乳与发情。

1. 舍饲饲养

饲养的总原则是根据不同妊娠阶段按饲养标准供给营养，以混合干草或青粗料为主，适当搭配精料。

妊娠5个月前，如处在青绿饲料丰茂季节，母牛可以完全喂青草而不喂精料，冬季日粮应以青贮、干草等粗饲料为主，缺乏豆科干草时少量补充蛋白质精料。在盛产糟渣的地区，一定要严格控制饲喂量。

妊娠6~9月，若以玉米秸或麦秸为主，母牛很难维持其最低营养需要，必须搭配1/3~1/2豆科牧草，另外添加1kg左右混合精料。精料应选择当地资源丰富的农副产品，如麦麸、饼粕类，再搭配少量玉米等谷物饲料，并注意补充矿物质和维生素A。其配方可参考玉米52%、饼粕类20%、麦麸25%，矿物质1%~2%、食盐1%~2.0%，每千克混合精料另加维生素A 3 000~3 600IU。

2. 放牧饲养

在放牧时，对哺乳母牛应分配就近的良好牧场，防止游走过多，体力消耗大而影响母牛泌乳和犊牛生长。牧场牧草产量不足时，要进行补饲，特别是体弱、初产和产犊较早的母牛。以补粗料为主，必要时补充一定量的精料。一般是日放牧12h，日补精料1kg左右，饮水2~3次。

繁殖母牛的妊娠、产犊、泌乳和发情配种是相互紧密联系的过程。饲养时既要满足其营养需要，达到提高繁殖率和犊牛增重的目的，又要降低饲养成本，提高经济效益。这就需要对放牧和舍饲、粗料和精料的搭配等做出合理安排，有计划地安排好全年饲养工作。

# 第三节　犊牛的饲养管理

## 一、犊牛的饲养

犊牛一般是指从初生到6月龄阶段的小牛。这个阶段是牛整个生命过程中生长发育最为迅速的时期。因此，要认真做好犊牛的饲养管理工作。

（1）及时哺喂初乳，喂足初乳。初乳是指母牛分娩后7

天内所分泌的乳汁。初乳对犊牛有特殊的生理意义，是初生犊牛不可缺少和替代的营养品。初乳为犊牛提供丰富而易消化的营养物质，初乳黏性大，溶菌酶含量和酸度高，可以覆盖在胃肠壁上，防止细菌的入侵和抑制细菌的繁殖；初乳中含大量的免疫球蛋白，可帮助犊牛建立免疫反应。犊牛出生 1h 内哺喂初乳，第一次哺喂量不得低于 1.5kg，初乳每日每头的哺喂量应占体重的 10% 左右，分 3 次供给，牛奶保持温度 38℃。

（2）哺喂常乳。常乳哺喂有人工哺喂法和保姆牛哺乳法两种。一是人工哺乳：初乳饲喂 4~5 天后逐渐改为饲喂常乳，每日奶量分 2~3 次喂给。每次喂奶最好在挤完乳后立即进行。做到定时、定量、定温饲喂。二是保姆牛哺乳法：是指犊牛直接随母牛哺乳，根据母牛的产奶量，一头保姆牛一般可哺喂 2~4 头犊牛。该法的优点是方便，节省人力和物力，易管理，犊牛能吃到未污染且温度适宜的牛乳，消化道疾病少。不足之处在于母牛产奶量不易统计，犊牛间哺乳量不一致，造成犊牛发育不整齐，母牛的疾病易传染给犊牛。采用该法时，应注意以下方面：选择健康无病的母牛作为保姆牛，及时测定犊牛的生长发育，注意给母牛催乳，保证母牛的泌乳量。

（3）早期补饲。早期补饲植物性饲料，刺激瘤胃发育，一是补饲干草：犊牛出生后第 8 日龄开始训练采食青干草，任其自由采食，其方法是将优质干草放于饲槽或草架上。二是补喂精料：犊牛出生 1 周后即可训练采食精料，精料应适口性好、易消化并富含矿物质、微量元素和维生素等。其方法是在喂奶后，将饲料抹在奶盆上或在饲料中加入少量鲜奶，让其舔食。喂量由少到多，逐渐增加，以食后不拉稀为原则，1月龄时每日达100g左右，2月龄时每日达500g左右，3月龄时每日达1kg左右。三是补喂青绿多汁饲料：犊牛出生后20天后可补喂青绿多汁饲料，如胡萝卜、瓜类、幼嫩青草等，开始每天20g，逐渐增加，2月龄时可达1.5~2kg。四是补喂青贮饲料：2月龄后补充青贮饲料，开始100g/天，3月龄达1.5~2kg。犊牛日采食精料量达到1kg，3月龄左右即可断奶。

（4）断奶至6月龄饲养。犊牛断奶后继续供给补饲时的精料，每日1kg左右，自由采食粗饲料，尽可能饲喂优质青干草，日增重应不低于600g。

**二、犊牛早期断奶技术**

早期断奶是根据犊牛瘤胃发育特点，通过缩短哺乳期，减少喂奶量，促使犊牛提前采食饲料。这样既增强了犊牛消化机能，提高采食粗饲料的能力，又能减少犊牛食奶量，节省鲜奶，降低饲养成本；同时，瘤胃的提前发育可减少消化道疾病的发病率，大大提高犊牛成活率。犊牛早期断奶，就是在犊牛出生后最初几天喂给初乳，1周后改喂常乳，并开始训练犊牛采食代乳料，任其自由采食，并提供优质干草，当每天可吃到1kg左右的代乳料时，就可断奶。根据蜀宣花牛当前饲养的实际情况，犊牛总喂乳量300kg左右、2~3月龄时断奶，可视为早期断奶。为达到早期断奶的目的，应严格控制犊牛喂奶量，同时及早补饲。犊牛早期断奶方案设计如下：出生后1h内，喂1.5~2.0kg第一次挤出的初乳；1周龄前，日喂乳5.0kg左右，分2~3次喂给；2~3周龄，日喂乳5.5kg，分2次喂给；4~5周龄，日喂乳5.0kg，分2次喂；6~7周龄，日喂乳4.0kg，分2次喂给；8～9周龄，日喂乳3.0～3.5kg，分2次喂给；10周龄，日喂奶2.0kg，晚上1次喂给。从第二周龄开始饲喂犊牛开食料、干草和饮水，喂量逐渐增加。当犊牛一天能吃完1.0kg精饲料时，即可断奶。2～3月龄断奶时，喂乳总量可控制在300kg左右。见表8－1。

犊牛断奶后，应继续喂开食料至6月龄，日喂料控制在1.0～1.5kg。6月龄以后，逐渐换成育成牛日粮。

表8－1　犊牛早期断奶饲养方案　单位：kg/（天·头）

| 日　龄 | 0～7 | 8～14 | 15～30 | 31～50 | 51～60 | 61～70 | 71～90 |
|---|---|---|---|---|---|---|---|
| 日喂精料量 | － | 训练 | 0.2 | 0.3 | 0.4 | 0.6 | 0.8－1.0 |
| 日喂青粗料量 | － | 训练 | 自由采食 | | | | |

### 三、犊牛管理

（1）搞好清洁卫生。包括哺乳卫生、牛栏卫生和牛体卫生。哺喂犊牛的牛奶和草料应清洁、新鲜，禁止饲喂变质的奶和草料。饲喂要做到三定（定质、定时、定量），饲喂的奶温度应保持在32～38℃，喂后用干净的毛巾将犊牛口边的残奶、残料擦净，防止犊牛的舐癖。饲喂用具在使用前后需进行清洗和清毒。犊牛栏勤打扫，保持犊牛栏和垫草的清洁、干燥，定期消毒牛栏、牛舍。每天定时刷拭牛体，保证牛体和牛舍清洁。

（2）保温和通气良好。犊牛舍冬季要尽可能保温；舍内阳光充足，通风良好，空气新鲜，但注意防止贼风、穿堂风；夏季保持空气流通，防晒、防暑。

（3）饮水。保证供给犊牛清洁的饮水，喂奶期犊牛用32～38℃清洁饮水，以2份奶，1份水混匀饲喂，2周后改为饮用常温水。一月龄后，除混入奶中饲喂外，还应在犊牛栏内或活动场所设置饮水槽，供给充足的清洁饮水。

（4）母仔分栏。在小规模拴养式的母牛舍内，一般都设有产房及犊牛栏，且不设犊牛台。在规模大的牛场或散放式牛舍，才另设犊牛舍及犊牛栏。犊牛栏分单栏和群栏两类，犊牛出生后即在靠近产房的单栏中饲养，每犊一栏，隔离管理，一般1月龄后才过渡到群栏。同一群栏犊牛的月龄应一致或相近，因不同月龄的犊牛除在饲料条件的要求上不同以外，对于环境温度的要求也不相同，若混养在一起，对饲养管理和健康都不利。

（5）刷拭。在犊牛期，由于基本上采用舍饲方式，因此皮肤易被粪及尘土所黏附而形成皮垢，这样不仅降低皮毛的保温与散热能力，使皮肤血液循环恶化，而且也易患病，为此，对犊牛每日必须刷拭一次。

（6）运动与放牧。犊牛从出生后8~10日龄起，即可开始在犊牛舍外的运动场做短时间的运动，以后可逐渐延长运动时间。如果犊牛出生在温暖的季节，开始运动的日龄还可适当提前，但需根据气温的变化，掌握每日运动时间。

在有条件的地方，可以从生后第2个月开始放牧，但在40日龄以前，犊牛对青草的采食量极少，在此时期与其说放牧不如说是运动。运动对促进犊牛的采食量和健康发育都很重要。在管理上应安排适当的运动场或放牧场，场内要常备清洁的饮水，在夏季必须有遮阴条件。

## 第四节　育肥牛的饲养管理

根据牛肉产品的分类，我国当前牛肉可分为适应大众化市场消费的大宗牛肉和部分消费者喜欢的肥牛肉（又称雪花牛肉）两种。生产大众化市场消费的大宗牛肉的肉牛一般饲养到 18 ~ 24 月龄出栏；由于雪花牛肉在生产过程中需要在肌肉间沉积大量的脂肪，所以育肥时间也大大的延长，一般出栏时间是 28 ~ 32 月龄。根据育肥的起始时间和体重，我国当前肉牛的育肥方法主要分为持续育肥法、架子牛育肥法和淘汰牛育肥法三种。

## 一、持续育肥法

持续育肥法是指犊牛断奶后即进入育肥阶段直接进行育肥的一种方法。育肥牛一开始就采用较高营养水平饲喂，使其增重也保持在较高的水平，周岁结束育肥时，活重可达 400 kg 左右，或者 18 ~ 24 月龄出栏时体重达到 500 ~ 600kg。日粮配合牛体重的变化而不断增加，每个月调整一次，使其达到计划的日增重。当气温低于 0℃ 和高于 25℃ 时，气温每升降 5℃ 应增加 10% 的精料。育肥牛饲养方式可采用拴系式或散栏式饲养。在规模化饲养条件下，可采用全混合日粮（TMR）饲养法；自由饮水，夏天饮凉水，冬天饮不低于 20℃ 的温水，尽量限制其活动，保持环境安静。

用持续育肥法生产的牛肉，肉质鲜嫩，属高档牛肉。这是我国当前肉牛育肥中最普遍采用的育肥方式，也是一种很有推广价值的育肥方法。

持续育肥技术要点：

（1）在设计增重速度时，增重速度要与育肥目标一致，胴体重量要达到 1 ~ 2 级标准指标，同时饲养成本要相对较低。

（2）在整个持续育肥过程中，分为育肥准备期、育肥前期、育肥中期和育肥后期四个阶段，并要求断奶后的育肥起始体重达到 150 kg 以上。

（3）育肥准备期：在育肥准备期内，主要是让犊牛适应育肥的环境条件和饲喂方式，并在此期间内，进行驱除体内外寄生虫、健胃、防疫注射等工作。时间大约 60 天，日增重要求达到 700~800g。

（4）育肥前期：日粮以优质青饲料、干粗料、糟渣类饲料或青贮饲料为主，这样可节省精饲料的用量，同时还可减少消化道疾病的发生。日粮中精粗料的比例：（35%~45%）:（65%~55%）；日粮中蛋白质水平：12%~13%。时间 150 天，日增重指标 1 000g 以上。

（5）育肥中期：日粮中精粗料的比例：（55%~60%）:（45%~40%）；日粮中粗蛋白质水平：11%~12%；日增重指标 1 100g~1 300g。时间 90 天。

（6）育肥后期：以生产品质优、产量高的肉牛为目标，提高胴体重量，增加瘦肉产量。日粮中精粗饲料的比例：（60%~65%）:（40%~35%）；日粮中粗蛋白水平：10%；时间 60~80 天；日增重指标：1 000g 以上。

育肥全程时间 360~380 天，平均日增重 1 000g 以上。育肥结束体重 500~600kg。

## 二、架子牛育肥法

一般认为周岁以后的育成牛称为架子牛，能满足优质高档牛肉生产条件的应是 12~18 月龄的架子牛。那么，如何选择架子牛，这是需要首先解决的问题。

（1）牛的品种。在我国现阶段条件下，用于生产优质牛肉的品种应以西门塔尔牛、安格斯、蜀宣花牛、利本赞、夏洛来或皮埃蒙特牛的杂交后代为好，因为这些牛的个体大、生长快、易于育肥，若有以上品种的三元杂交后代则更佳。

（2）年龄、体重。用于育肥的架子牛年龄在 12 ~ 18 月龄，周岁体重应不低于 250kg，这样的牛通过 8 个月的育肥才能达到 500kg 以上的出栏体重。

（3）性别。生产高档优质牛肉的首选应是阉牛，因为阉牛在育肥后期最容易沉积脂肪，脂肪在肌肉间沉积形成大理石花纹，可提高牛肉的档次，但是由于受雄性激素调节的影响，阉割后的公牛前期生长速度不如没阉割的公牛快。其次是公牛。

（4）体型、体况。用于育肥的架子牛应选择骨骼粗大、四肢及体躯较长、后躯丰满的牛发育能力强。皮肤松弛柔软，被毛光亮、体况中等，健康无病。

（5）买卖价差。即指架子牛买卖时甲地与乙地的价格差额。因为肉牛育肥的最大投入就是买牛的成本和饲养费用，其中前者可占到总成本的 70% ~ 80%，后者占 20% ~ 30%。

（6）架子牛育肥技术要点。一般架子牛育肥根据起始月龄和体重的大小，需要 90 ~ 200 天。同样分为育肥前期、育肥中期和育肥后期 3 个阶段。

①育肥前期：14 ~ 21 天。主要是让刚购进的架子牛适应育肥的环境条件，并在此阶段驱除体内外寄生虫、健胃。其饲养方法首先让刚进场的牛能自由采食粗饲料，每天每头牛补饲精料 0.5 ~ 1.0kg，与粗料拌匀后饲喂，精料应由少到多，逐渐增加到 2kg，尽快完成此阶段的过渡。

②育肥中期：时间 45 ~ 120 天，这时架子牛的干物质采

食量应达到体重的 2.2% ~ 2.5%，日粮蛋白质水平为 11% ~ 12%，精粗饲料的比例为（45% ~ 55%）:（55% ~ 45%），若有优质的白酒糟或啤酒糟作粗料，可适当减少精料的喂量。日增重为 1 000 ~ 1 400g。精料配方为：玉米粉 70%、菜枯 10%、小麦 20%，每头牛每天另加磷酸氢钙 50 ~ 100g、食盐 20 ~ 40g，日喂 2 ~ 3kg。对粗料进行粗粉碎处理比细粉碎更能提高肉牛的采食量。

③育肥后期：时间 30 ~ 60 天。日粮中精粗饲料的比例（55% ~ 60%）:（45% ~ 40%），日粮蛋质水平为 10%，日增重为 1 200g。此阶段可采取自由采食方式，这种方法能使饲料效率提高 5%。精料配方为：玉米粉 80%、菜枯 10%、小麦 10%，每头牛每天另加磷酸氢钙 50 ~ 80g，食盐 30 ~ 40g，日喂 3 ~ 5kg。体重达到 500kg 以上出栏。

### 三、淘汰牛育肥

1. 注意事项

用于育肥的淘汰牛往往是失去役用能力的役用牛、淘汰的产奶母牛、失去配种能力的公牛和肉用母牛群中被淘汰的成年母牛。这类牛一般年龄较大，产肉量低，肉质差，经过育肥，增加肌肉纤维间的脂肪沉积，肉的味道和嫩度得以改善，可提高经济价值。但在育肥前应注意以下几点：

（1）育肥前体况检查，看是否有疾病。

（2）育肥前要驱虫、称重及编号。

（3）育肥时间以 2 ~ 3 个月为宜。

（4）选用合理的精料催肥：混合精料的日喂量以体重的 1% 为宜，粗饲料以青贮玉米或糟粕饲料为主，任其自由采食，不限量。

2. 淘汰育肥牛的管理

（1）驱虫、消毒、防预：育肥之前要驱虫，同时必须搞好日常清洁卫生和防疫工作。每出栏一批牛，都要对牛舍彻底清扫消毒一次。牛舍每天打扫干净，每月消毒一次。每年春秋两季对生产区进行大消毒。常用消毒药物10%～20%生石灰乳、2%～5%火碱溶液、0.5%～1%的过氧乙酸溶液、3%的福尔马林溶液、1%的高锰酸钾溶液等。

（2）限制活动：在前期可适当运动促进消化器官和骨骼发育。中期减少运动，后期限制运动，使其长膘，此时使牛只能上下站立或睡觉，但不能左右移动。牛只夜间休息白天饲喂都在牛舍内，有条件的情况下每天可让牛晒太阳3～4h，日光浴对皮肤代谢和牛只生长发育有良好效果，被毛好，易上膘，增重快。

（3）做好防寒降温工作：气温低于0℃要注意防寒，如关好门窗，对开放式或半开放式牛舍，用塑料薄膜封闭敞开部分。利用太阳能提高环境温度，可减少体热的损耗。气温高于27℃时要做好降温防暑工作。四川的七八月份是一年中最炎热的时期，不宜育肥。

（4）刷拭：可保持牛体清洁，促进皮肤新陈代谢和血液循环，提高采食量，有利牛只管理。每日必须定时刷拭1～2次，在牛喂饱后在运动场内进行刷拭。

（5）注意饲喂及饮水：每天饮水2次（夏天3～4次），冬天水温应在0℃以上。饲料一般以日喂2次较好，早晚各1次，间隔8～12h，使牛只有充分的反刍与休息时间。不喂霉烂变质的饲草料。

## 第五节　肉牛场日常管理技术

### 一、编号与建档

1. 建立数据库

做好原始记录，在牛场的一切生产活动中，每天的各种生产记录和定额完成情况等都要做生产报表和进行数据统计。因此，要建立健全各项原始记录制度，要有专人登记填写原始记录表格，要求准确无误、完整。根据肉牛场的规模和具体情况，所做的原始记录主要是牛群情况，包括各年龄段牛的数量变动和生产情况、饲料消耗情况、育肥牛的增重情况、经济活动等。对各种原始记录按日、月、年进行统计分析、存档。肉牛编号建议采用打耳牌的方法。

2. 建立档案

牛群档案是在个体记录基础上建立的个体资料。主要包括以下档案：

（1）成母牛档案。记载其谱系、配种产犊情况等。

（2）犊牛档案。记载其谱系、出生日期、体尺、体重情况等。对新生犊牛做好生长发育测定，统一编号。3 月龄内每月称重 1 次，6 月龄称重 1 次，以便掌握生长发育情况和改进调整饲喂方案。

（3）育成牛档案。记载其谱系、各月龄体尺与体重、发情配种情况等。

### 二、去势

肉牛去势是集约化、规模化肉牛生产中一项重要的生产技术，犊牛在 6 月龄左右去势效果最好。

一般采用物理去势的方法，物理去势又分为切开阴囊去除睾丸法、无血去势钳去势法、橡皮环结扎法等，其中使用外科手术法去势，动物的疼痛感更强，橡皮环结扎法的疼痛感相对轻微，但持续的时间更长一些。

为了提高动物福利水平，减轻牛物理去势中的疼痛感，操作者提前使用麻醉剂或止疼药降低神经系统对随后刺激的敏感性，手术后还应使用消炎药防止伤口感染。

### 三、穿鼻、去角和剪去副乳头

犊牛断奶后，在 6～12 月龄时应根据饲养的需要适时进行穿鼻，并带上鼻环，尤其是留作种用的更应如此。犊牛出生 5～7 天后采用电烙铁去角并剪去副乳头。对于将来做肥育的犊牛和群饲的牛去角后更有利于管理。去角的适宜时间多在生后 7～10 天，常用的去角方法有电烙法和固体苛性钠法两种。电烙法是将电烙器加热到一定温度后，牢牢地压在角基部直到其下部组织烧灼成白色为止（不宜太久太深，以防烧伤下层组织），再涂以青霉素软膏或硼酸粉。后一种方法应在晴天且哺乳后进行，先剪去角基部的毛，再用凡士林涂一圈，以防药液流出，伤及头部或眼部，然后用棒状苛性钠涂擦角基部，至表皮有微量血渗出为止。在伤口未变干前不宜让犊牛吃奶，以免腐蚀母牛乳房的皮肤。

### 四、牛粪及病死牛处理

1. 牛粪处理

分析目前国内外对牛场粪便处理模式，如有足够的种植土地消纳，牛粪自然发酵还田方式是最简单实用的工艺。由于国内土地面积有限，牛场产生的牛粪不可能完全实现前种方式处理，牛粪污收集固液分离处理技术就成为有效可行的技术模式。牛粪也可作有机肥生产，具体流程是：清理生牛粪—搅拌（除臭脱水）—打堆发酵（一个月）—配方、粉碎、过筛—装包—成品。

2. 病死牛处理

对于非传染病及机械创伤引起的病牛，应及时进行治疗，死牛应及时定点进行无害化处理；使用药物的病牛生产的牛奶（抗生素奶）不应作为商品牛奶出售；牛场内发生传染病后，应及时隔离病牛，按《动物防疫法》及时将疫情上报相关部门，不准屠宰和解剖病死牛只。

# 第九章　肉牛主要疫病防控技术

## 第一节　牛场防疫

### 一、严格执行消毒制度

牛场必须遵守和执行《中华人民共和国动物防疫法》、《重大动物疫情应急条例》《动物检疫管理办法》等法律法规及地方主管部门制订的相关制度、措施等。根据牛场布局建立合理的消毒制度并严格执行。

（一）牛场卫生防疫总则

（1）牛场防疫管理应遵循预防为主、防检结合的原则。

（2）认真实施《动物防疫法》的有关规定，严格执行防疫、检疫、消毒制度，一旦发生传染病，要本着早、快、严、小的原则正确处理。

（3）制订重点疫病监测计划，定期进行结核病、布氏杆菌病的检疫，逐步净化培养健康牛群。

（4）结合当地疫病流行规律，制定科学的免疫程序，按时进行疫苗接种，确保免疫密度和质量。

（5）建立健全卫生消毒制度，最大限度消除传染源，预防疫病发生。

（6）按照国家环保要求，制定废弃物处理方案，做好粪便、病死牛及污物的无害化处理，防止环境污染。

（7）设立专人负责日常饲养管理工作。

（二）牛场卫生消毒制度

1. 环境消毒

（1）设在生产区门口通道，在顶部安装紫外灯，紫外灯管离地面约2m。地面为消毒池，消毒池内放置2%～3%氢氧化钠或0.2%～0.5%过氧乙酸等药物，药液定期更换以保持有效浓度。

（2）牛场大门地面设消毒池，宽度为卡车通过，长约4.5m，深约0.2m。消毒池内放置氯制剂消毒液或0.2%～0.5%过氧乙酸等药物，药液定期更换以保持有效浓度。在门旁边，设醒目的防疫须知标志。

（3）牛舍周围环境及运动场每周用2%氢氧化钠或撒生石灰消毒一次；场周围、场内污水池、下水道等每月用漂白粉消毒一次。

2. 人员消毒

喷雾消毒和洗手用0.2%～0.3%过氧乙酸药液或其他有效药药液。

（1）在紧急防疫期间，应禁止外来人员进入生产区参观，其他时间需进入生产区时必须经过严格消毒，并严格遵守牛场卫生防疫制度。

（2）饲养人员应定期体检，如患人畜共患病时，不得进入生产区，应及时在场外就医治疗。

3. 用具消毒

定期对饲喂用具、料槽、牛床等进行消毒，可用0.1%新洁尔灭或0.2%～0.5%过氧乙酸，日常用具，如兽医用具、助产用具、配种用具等在使用前后均应进行彻底清洗和消毒。

4. 带牛环境消毒

由兽医技术员负责，定期用0.1%新洁尔灭、0.3%过氧乙酸、0.1%次氯酸钠等对全牛场进行带牛环境消毒。

5. 牛体消毒

助产、配种、注射及其他任何对牛接触操作前，应先将有关部位进行消毒。

6. 生产区设施清洁与消毒

每年春秋两季用0.1%～0.3%过氧乙酸或其他消毒剂对牛舍、牛圈进行一次全面大消毒，牛床和采食槽每月消毒1～2次。饲料存放处要定期进行清扫、洗刷和药物消毒。

（三）牛舍卫生操作规范

（1）运动场应无石头、硬块及积水，每天要清扫牛舍、牛圈、牛床、牛槽；牛粪便应及时清除出场，并进行堆积发酵处理。

（2）禁止在牛舍及其周围堆放垃圾和其他废弃物，病畜尸体及污水污物应进行无害化处理，胎衣应深埋。

（3）夏季要做好防暑降温及消灭蚊蝇工作，每周灭蚊蝇一次。冬季要做好防寒保温工作，如架设防风墙、牛床与运动场内铺设褥草。

（4）牛场应设有专用的隔离圈舍和粪便处理场所并配套相应设施。

**二、牛场消毒方式和消毒药物选择**

牛场消毒常用方法主要有煮沸消毒和化学试剂消毒两种方法。其中煮沸消毒主要用于器皿消毒，化学试剂消毒用途广泛。

（一）煮沸消毒

在无高压设备条件的部门，一般采用煮沸消毒方法。

将需要消毒的器具直接放入铝锅内，加水至器具以上 3cm 处，加温至水沸腾（"开锅"）后半小时，待水温下降至约 40℃时，方可使用。注意：将消毒的器具放入铝锅前，剪刀应张开；金属注射器将后部旋开，抽出活塞，各部件需清洗干净，玻璃注射器取出活塞，将注射筒和活塞洗净；注射针头应检查是否阻塞，如果针头阻塞了，用更细的金属丝等将阻塞物捅出。

（二）化学试剂消毒

常用化学试剂有以下几种，根据应用范围不同使用浓度也不尽相同。

1. 氢氧化钠

氢氧化钠又叫火碱、烧碱或苛性钠，对各种细菌、真菌、病毒、芽孢及寄生虫卵都有致死作用，常配成 2% ～ 3% 的热水溶液消毒圈舍地面、饲槽、用具和运输车辆等，当在其中加入 5% ～10% 的食盐时，可增强其对炭疽杆菌的杀菌力。0.5% ～1.0% 的浓度可用于畜体消毒和室内喷雾。

注意事项：本品对金属物品有腐蚀性，消毒完毕要冲洗干净。对人畜的皮肤黏膜有刺激性，在使用过程中应避免直接接触人畜等。消毒圈舍时，应先驱出牛，然后再进行消毒，消毒完毕后，隔半天用清水冲洗方可让畜禽进入。

2. 石灰乳

取生石灰 1 份加水 1 份制成熟石灰，然后加水配成 10% ～20% 的混悬液即可用于消毒。石灰乳有较强的消毒作用，但不能杀死细菌的芽孢，适于消毒牛舍的地面、墙壁、牛栏、粪尿等。先将栏舍打扫干净，然后用石灰乳粉刷、喷洒。生石灰 1kg 加水 350ml 化开成的粉末，也可撒布在阴湿地面、粪池周围等处进行消毒。

注意事项：使用石灰乳时要现配现用。圈舍内不宜直接撒生石灰，以免损伤蹄部或诱发呼吸道疾病。

3. 过氧乙酸

过氧乙酸又叫过氧乙酸，是一种强氧化剂，消毒效果好，能迅速杀死细菌、病毒、真菌及芽孢，在高浓度和高温状态下会引起爆炸，浓度在20%以下一般无爆炸的危险。市售有16%~20%的过氧乙酸，配制成0.2%溶液用于浸泡受污染的各种耐腐蚀的玻璃、塑料、陶瓷用品；0.5%溶液用于喷洒消毒圈舍地面、墙壁、饲槽、运输车辆等。0.2%~0.3%溶液可直接在圈舍中喷雾，带牛消毒。

注意事项：本品浓溶液会烧伤皮肤和黏膜，稀溶液也有一定的刺激性，使用时要做好人员的防护安全；低浓度过氧乙酸易分解，应现用现配。

4. 碘酒（碘酊）

杀菌作用很强，用70%~75%的酒精配制成2%~5%的碘酊，能杀灭细菌、病毒、霉菌和芽孢。一般用于手术部位、伤口的涂抹消毒，动物多用5%的浓度。

5. 酒精（乙醇）

70%~75%的溶液用于手、器械、皮肤、注射部位的涂抹消毒。

6. 来苏儿

对芽孢和分枝杆菌作用较小。常于牛舍、用具、污物和饲养员消毒洗手。用其水溶液浸泡，喷洒或擦抹污染物体表面，使用浓度为1.0%~5.0%，作用时间为30~60min。对结晶核杆菌使用5%浓度，作用1~2h。为加强杀菌作用，可加热药液至40~50℃。对皮肤的消毒浓度为1.0%~2.0%。

7. 新洁尔灭

具有低毒、无腐蚀性、性质稳定、能长期保存、消毒对象广、效力强、速度快等优点。一般使用0.1%的水溶液进行器械、饮水器、养殖器具、人员手部等消毒。

注意事项：应注意避免与肥皂、高锰酸钾或碱类接触，否则会降低消毒效力。

### 三、制定合理免疫程序，做好免疫接种工作

制定肉牛养殖场防疫制度，并严格落实和执行防疫制度是肉牛健康养殖场的重中之重。

（一）肉牛疫病的监测

（1）结核病检测：根据《国际兽医局推荐的动物疫病诊断方法和生物制品要求手册》，采用"结核菌素"皮下注射，操作方法和判断方法按产品说明书实施，每年检测 2 次。

（2）布鲁氏杆菌病检测：采用"虎红平板凝集试验"，操作方法和判定方法按产品说明书进行，检测每年 6 月份进行。

（3）口蹄疫检测：采用"感染抗体检测 ELISA 试剂盒（NS）"和"免疫抗体检测 ELISA 试剂盒（VP1）"。

（4）寄生虫病检测：采用"家畜寄生虫病诊断新技术"检测，每年 4 月和 11 月各进行一次。了解牛感染寄生虫病的种类和程度，以便确定是否进行预防性驱虫和选择什么药物驱虫。

（二）疫病疫苗选择和免疫方法

我国牛场常用疫苗有以下几种，根据肉牛疫病流行情况在牛场选择疫苗并进行疫病的免疫。

（1）牛口蹄疫 O 型、A 型灭活疫苗：预防牛、羊口蹄

疫。方法及用量：牛口蹄疫 O 型灭活疫苗肌肉注射，1 岁以下犊牛每头注射 1ml，成年牛注射 2ml；4 月龄至 2 岁羊每头注射 0.5ml，2 岁以上羊注射 1ml。疫苗 15 天后开始产生免疫力，免疫期为 6 个月。牛 A 型灭活疫苗 6 月龄以上成年牛 2ml/头，6 月龄以下犊牛 1ml/头，首免 1 个月后进行 1 次强化免疫，以后每隔 4～6 个月进行 1 次常规免疫。

（2）牛传染性胸膜肺炎弱毒苗：预防牛肺疫，免疫期为 1 年。用生理盐水或 20% 氢氧化铝生理盐水稀释，按照说明书使用。

（3）牛巴氏杆菌病油乳剂疫苗：预防牛巴氏杆菌病（牛出血性败血病）。肌肉注射，犊牛 4～6 月龄初免，3～6 个月后再免疫 1 次，每头注射 3ml。在注射疫苗后 21 天产生免疫力，免疫期为 9 个月。

（4）气肿疽灭活苗：健康牛免疫接种，预防牛气肿疽。不论年龄大小，牛颈部或肩胛后缘皮下注射 5ml，对 6 月龄以下免疫的犊牛，在 6 月龄时应再免疫 1 次。在注射疫苗后 14 天产生免疫力，免疫期为 1 年。

（5）牛传染性鼻气管炎弱毒疫苗：预防牛传染性鼻气管炎，适用于 6 月龄以上牛免疫。按疫苗注射头份，用生理盐水稀释为每头份 1ml，皮下或肌肉注射。两次注射免疫间隔 30～45 天，免疫期可达 1 年以上，不会引起犊牛发病和妊娠牛流产。

（6）第 Ⅱ 号炭疽芽孢苗：预防各类牛炭疽。注射部位为颈侧部，皮内 0.2ml 或皮下 1ml，注射 14 日后产生坚强免疫力，免疫期为 1 年。

（三）疫病扑灭措施

（1）疫病发生后，应立即上报有关部门，成立疫病防

治领导小组，统一领导防治工作。

（2）及时隔离病畜，同时选择适当场地建立临时隔离站。病畜在隔离站内观察治疗，隔离期间站内人员、车辆不得回场。

（3）疫病牛场在封锁期间，要严格监测，发现病畜及时送转隔离站；要控制牛只流动，严禁外来车辆、人员进场；每 7～15 天全场用消毒剂消毒；粪便、褥草用具严格消毒，堆积处理；尸体深埋或化制（无害化处理）；必要时可做紧急预防接种。

（4）解除封锁应在最后一头病畜痊愈、屠宰或死亡后，经过 2 周后再无新病畜出现，全场经全面终末大消毒，报请上级有关部门批准后方可。

### 四、药物治疗使用原则和使用方法

（一）药物治疗使用原则

使用兽药治疗肉牛疾病时，应遵循以下原则。

（1）使用符合《中华人民共和国兽药典》二部和《中华人民共和国兽药规范》二部规定的用于肉牛疾病预防和治疗的中药材和中成药。肉牛饲养中兽药的使用应根据中华人民共和国农业部颁布的《NY/T5030－2016 无公害农产品兽药使用准则》进行。

（2）使用符合《中华人民共和国兽药典》《中华人民共和国兽药规范》《兽药质量标准》和《进口兽药质量标准》规定的钙、磷、硒、钾等补充药、酸碱平衡药、体液补充药、电解质补充药、血容量补充药、抗贫血药、维生素类药、吸附药、泻药、润滑剂、酸化剂、局部止血药、收敛药和助消化药等。

（3）使用国家兽药管理部门批准的微生态制剂。

（4）严格遵守规定的给药途径、使用剂量、疗程、休药期和注意事项；

（5）药物要严格管理，制定药物管理办法并严格执行。药物贮藏是保证药品质量与疗效的重要条件，因此应设专人保管。一要分类管理，按药品使用说明在避光、阴凉、通风、冷藏、低温等不同条件下分类保存。二要所有药品入库记账，按药品生产日期、有效期、批号及生产厂家，详细入账，保证及时使用，以免过期浪费。

（二）药物使用配伍禁忌

配伍禁忌是指两种以上药物混合使用或药物制成制剂时，发生体外的相互作用，出现药物中和、水解、破坏失效等理化反应，这时可能发生浑浊、沉淀、产生气体及变色等外观异常的现象。有些药品配伍使药物的治疗作用减弱，导致治疗失败；有些药品配伍使副作用或毒性增强，引起严重不良反应；还有些药品配伍使治疗作用过度增强，超出了机体所能耐受的能力，也可引起不良反应，危害动物。按照配伍禁忌的性质，可分为3类：影响调剂的配伍禁忌包括物理性配伍禁忌和化学性配伍禁忌，影响疗效的配伍禁忌为药理性配伍禁忌。常用药配伍禁忌见表9－1。

表9-1　常用药配伍禁忌表

| 类别 | 药物 | 配伍药物 | 结果 |
|---|---|---|---|
| 青霉素类 | 青霉素钠、钾盐；氨苄西林类；阿莫西林类 | 喹诺酮类、氨基糖苷类、（庆大霉素除外）、多粘菌类 | 效果增强 |
| | | 四环素类、头孢菌素类、大环内酯类、氯霉素类、庆大霉素、利巴韦林、培氟沙星 | 相互拮抗或相抵或产生副作用，应分别使用、间隔给药 |
| | | 维生素 C、维生素 B、罗红霉素、维生素 C 多聚磷酸酯、磺胺类、氨茶碱、高锰酸钾、盐酸氯丙嗪、B 族维生素、过氧化氢 | 沉淀、分解、失败 |
| 头孢菌素类 | "头孢"系列 | 氨基糖苷类、喹诺酮类 | 疗效、毒性增强 |
| | | 青霉素类、林可霉素类、四环素类、磺胺类 | 相互拮抗或相抵或产生副作用，应分别使用、间隔给药 |
| | | 维生素 C、维生素 B、磺胺类、罗红霉素、氨茶碱、氯霉素、氟苯尼考、甲砜霉素、盐酸多西环素 | 沉淀、分解、失败 |
| | | 强利尿药、含钙制剂 | 增加毒副作用 |

续表

| 类别 | 药物 | 配伍药物 | 结果 |
|---|---|---|---|
| 氨基糖苷类 | 卡那霉素、阿米卡星、核糖霉素、妥布霉素、庆大霉素、大观霉素、新霉素、链霉素等 | 青霉素类、头孢菌素类、林可霉素类、TMP | 疗效增强 |
| | | 碱性药物（如碳酸氢钠、氨茶碱等）、硼砂 | 疗效增强，但毒性也同时增强 |
| | | 维生素C、维生素B | 疗效减弱 |
| | | 氨基糖苷同类药物、头孢菌素类、万古霉素 | 毒性增强 |
| 大环内酯类 | 红霉素、罗红霉素、替米考星、吉他霉素（北里霉素）、泰乐菌素、替米考星、乙酰螺旋霉素、阿奇霉素 | 氯霉素、四环素 | 拮抗作用，疗效抵消 |
| | | 其他抗菌药物 | 不可同时使用 |
| | | 林可霉素类、麦迪素霉、螺旋霉素、阿司匹林 | 降低疗效 |
| | | 青霉素类、无机盐类、四环素类 | 沉淀、降低疗效 |
| 四环素类 | 土霉素、四环素、金霉素、多西环素、米诺环素（二甲胺四环素） | 同类药物及泰乐菌素、磺胺 | 疗效增强 |
| | | 氨茶碱 | 分解失效 |
| | | 三价阳离子 | 络合物 |
| 氯霉素类 | 氯霉素、甲砜霉素、氟苯尼考 | 多西环素、新霉素、硫酸粘杆菌素 | 疗效增强 |
| | | 青霉素类、林可霉素类、头孢菌素类 | 降低疗效 |
| | | 卡那霉素、磺胺类、喹诺酮类、链霉素、呋喃类 | 毒性增强 |

续表

| 类别 | 药物 | 配伍药物 | 结果 |
|------|------|---------|------|
| 喹诺酮类 | 沙星系列 | 青霉素类、链霉素、新霉素、庆大霉素、磺胺类 | 疗效增强 |
| | | 林可霉素类、氨茶碱、金属离子（如钙、镁、铝、铁等） | 沉淀、失效 |
| | | 四环素类、氯霉素类、呋喃类、罗红霉素、利福平 | 疗效降低 |
| 磺胺类 | 磺胺嘧啶、磺胺二甲嘧啶、磺胺甲恶唑、磺胺对甲氧嘧啶、磺胺间甲氧嘧啶等 | 青霉素、头孢类、维生素C | 疗效降低 |
| | | TMP、新霉素、庆大霉素、卡那霉素 | 疗效增强 |
| | | 氯霉素类、罗红霉素 | 毒性增强 |
| 多肽类 | 多粘菌素、短杆肽、硫酸粘杆菌素 | 青霉素类、链霉素、金霉素、氟苯尼考、罗红霉素、喹诺酮类 | 疗效增强 |
| | | 阿托品、庆大霉素 | 毒性增强 |
| 林可霉素类 | 盐酸林可霉素、盐酸克林霉素 | 氨基糖苷类 | 协同作用 |
| | | 大环内酯类、氯霉素 | 疗效降低 |
| | | 喹诺酮类 | 沉淀、失效 |

## 五、驱虫程序

（一）常用驱虫药物与种类

丙硫咪唑：对线虫病效果较好，对吸虫、绦虫病效果不显著，比较安全。

阿维菌素：只对线虫和疥螨病有效，毒性大。

伊维菌素：对线虫和体表寄生虫病有效，对吸虫、绦虫和原虫病无效，比较安全。

左旋咪唑：只对线虫病有效，比较安全。

虫净灵：对肝片吸虫、线虫、疥螨病有特效，安全。

氯氰碘柳胺钠：对片形吸虫、线虫和体表寄生虫病有效。

硫双二氯酚、硝氯酚等：广谱驱虫药，前后盘吸虫病首选，但毒性大。

吡喹酮：广谱抗吸虫和绦虫病药。

三氯苯达唑：对片形吸虫病效果较好。

三氮脒（血虫净、三氮脒）：对焦虫病效果好。

地克珠利：对球虫病效果较好。

氯苯胍：对球虫病效果较好。

（二）驱虫程序

1. 散养户

每年3月份、7月份、11月份各驱一次虫；3月份驱虫以线虫为主，7月份驱虫以驱线虫和绦虫为主，11月以驱吸虫、线虫、绦虫为主。

2. 规模化养殖场

每年检测2~4次，根据检测结果决定是否采取药物驱虫；一般牛场10%的片形吸虫虫卵EPG（每克粪便虫卵数）大于100；15%牛的前后盘吸虫卵EPG大于800；20%牛的线虫虫卵EPG大于300时，就可选择药物进行预防性驱虫。如果未达到以上值，则到下次检测决定是否驱虫。

## 第二节　肉牛常见疾病的防治

### 一、常见传染病及其防治

肉牛在急性、烈性传染病流行早期，疾病在牛群中还没有传播和扩散，此时以淘汰或扑杀发病动物为主，同时进行严格消毒和周围动物紧急免疫接种；慢性传染病以淘汰感染动物为主。对口蹄疫等危害重大疫病，本着"早、快、严、小"的原则，应做好以下几点：

（1）报告疫情：一旦发现畜禽传染病或疑似传染病时，及时向当地兽医防疫检疫机构、兽医站报告，越快越好，切勿拖延，请兽医部门到现场调查处理。

（2）隔离病畜：将病牛隔离，派专人饲养。

（3）及时确诊：由兽医进行操作。包括临床检查、病理剖检检查、流行情况调查、采病样送实验室做病原学检查等。

（4）病尸无害化处理：死亡的病牛应在兽医的指导下按照规定进行无害化处理。

（5）封锁疫区：由兽医指导进行。烈性传染病，要将主要道口封锁，严禁人畜出入，防止带菌、毒扩散。

（6）环境消毒：病牛污染的环境及用具即时消毒，疫情处理结束后，再进行一次彻底消毒。

（7）紧急接种：对周围有威胁的怀疑牛及时注射相应的疫苗，防止疫情蔓延。

（一）口蹄疫

口蹄疫为口蹄疫病毒引起偶蹄动物的一种急性、发热性、高度接触性传染病。本病特点是口腔黏膜、舌、蹄部和乳房皮肤发生水疱和溃烂。本病一旦发生，流行很快，使牛的生产性能降低，在经济上造成很大损失。

1. 流行特点

口蹄疫病毒的传染性很强，一经发生常呈流行性，传播方式既有波延式的，也有跳跃式的，通过直接接触和空气传播。多在冬、春两季发病，一般从 11 月份开始，第二年 2 月截止。主要病原为患病牛和带毒牛。

2. 主要临床症状

（1）潜伏期为 2～4 天，最长达 7 天。发病初期，病牛的体温升高到 40～41℃，精神委顿、食欲降低。1～2 天后流涎，涎呈丝状垂于口角两旁，采食困难。

（2）口腔检查，发现舌面、齿龈处有大小不等的水疱和边缘整齐的粉红色溃疡面。水疱破裂后，体温降至正常。乳头及乳房皮肤上发生水疱，初期水疱清亮，后变混浊，并很快破溃，留下溃烂面，有时感染继发乳房炎。

（3）蹄部水疱多发生于蹄冠和蹄叉间沟的柔软部皮肤上，若被泥土、粪便污染，患部会继发感染化脓，走路跛行。严重者，可引起蹄匣脱落。恶性口蹄疫是由于病毒侵害心肌所致，死亡率高达 20%～50%。犊牛发病后死亡率很高，主要表现出血性肠炎和心肌麻痹（虎斑心）。

3. 主要解剖病变

（1）根据流行季节和牛的口腔、蹄、乳房皮肤上的特征性病变，可以初步做出诊断，具有诊断意义的是心脏病变，心外膜斑点状出血，心脏舒张脆软，心肌切面有灰红色或黄色斑纹，或者有不规则的斑点，即所谓"虎斑心"。

（2）患恶性口蹄疫时，咽喉、气管、支气管和前胃黏

膜有烂斑和溃疡形成。

4．防治

此病目前尚无特效疗法，重在预防，在受威胁区和疫区，应定期注射疫苗预防。一旦发生本病，首先应将疫情逐级上报有关单位，同时采取紧急措施。

（二）牛布鲁氏杆菌病（布病）

牛布鲁氏杆菌病是由布鲁氏杆菌引起的一种人畜共患传染病，主要侵害牛生殖系统。母牛流产、不孕，母牛流产多发生于怀孕6~8个月，产出死胎，胎衣不下，阴道内继续排出红褐色恶臭液体，可因慢性子宫内膜炎造成不孕。患病公牛常发生睾丸炎、附睾炎和关节炎。人感染了布鲁氏杆菌后，突出表现为发热、寒战、多汗，关节疼痛，淋巴结及肝脾肿大，男性发生睾丸炎或附睾炎，女性可患卵巢炎，孕妇可流产。

1．病原特点

布鲁氏杆菌是革兰氏阴性菌，有羊、牛、猪、鼠、绵羊及犬布鲁氏杆菌6个种。在我国流行的有羊、牛、猪三种布鲁氏杆菌，其中以羊布鲁氏杆菌病最为多见。布鲁氏杆菌在土壤、水中和皮毛上能存活数周至数月，在食品中约能生存2个月，对热和消毒剂敏感，湿热60℃，15~30min，煮沸1~4min可杀死，一般消毒药如2%福尔马林、5%生石灰水、0.1%升汞能很快将其杀死。

2．流行特点

本病无明显季节性，多呈地方流行性。患病牛、羊是本病的传染源，流产胎儿、胎衣、羊水及流产分泌物、粪便及公牛精液内都含有大量病菌。可经动物的消化道、生殖道、呼吸道黏膜直接接触感染，也可通过被污染了的饲料、饮水、土壤等间接传染给易感动物。人通过与家畜的接触（如接产和人工输精）感染，或者服用了污染的牛奶及肉，吸入了含菌的尘土或菌进入眼结合膜等途径，皆可遭受感染，人之间不相互传染。

3. 临床症状及病理变化

布鲁氏杆菌病的潜伏期长短不一，有的十几天，有的半年之久。此病的典型症状为流产，但多数病例呈隐性感染。怀孕母畜表现为食欲减退、喜饮水、精神萎靡，母牛常在怀孕 5~7 个月时发生流产，流产后排出污灰色或棕红色恶臭分泌液，已流产过的母牛如果再流产，一般比第一次流产时间要迟，且易因胎衣不下引发子宫内膜炎，导致不孕。母羊的流产发生于孕期第 3~4 个月。公牛常见的是睾丸炎和附睾炎，睾丸肿大疼痛，触之坚硬。布鲁氏杆菌病还可造成腕关节、跗关节及膝关节炎，出现跛行。

在做好自身防护时进行剖检，常见胎衣呈黄色胶样浸润，并附有脓性纤维素絮状物，流产胎儿主要为败血症病变，皮下发生浆液出血性病变，浆膜与黏膜有出血点与出血斑，脾脏和淋巴结肿大，肝脏中出现坏死灶，胃肠浆膜、黏膜有点线状出血。公畜患病发生化脓性坏死性睾丸炎和附睾炎，睾丸肿大，后期睾丸萎缩。

4. 诊断

主要根据临床症状和病理变化可做出初步诊断，进一步确诊需做实验室诊断，包括病原学检查和血清学检查。

5. 防治

防治本病主要是保护健康牛群，培育健康幼畜，净化牛场，平时加强检疫，定期预防接种，具体从以下几个方面入手：

每年定期进行检疫，兽医可根据不同的检疫目的采用不同的血清学诊断方法，平板凝集试验、试管凝集试验检测19号菌苗抗体和近期感染情况，补体结合试验检测未免疫过的成年牛或在犊牛时免疫过的成年牛，利凡诺试验和巯基乙醇试验检测牛血清抗体来自慢性感染还是来自于19号菌苗，有条件的实验室还可采用酶联免疫吸附试验、PCR等方法。在健康牛群中检出的阳性牛全部淘汰，进行扑杀、深埋或火化等无害化处理，病牛污染的环境用10%～20%石灰乳或3%苛性钠消毒，可疑阴性牛隔离饲养，逐步淘汰，净化牛场。种公畜在配种前要进行1次检疫。

未发病地区、牛场坚持自繁自养，防止本病传入。对必须新购入的家畜要检疫合格，并隔离饲养一个月，做两次布鲁氏杆菌检疫，确认健康后，可并群饲养。养殖场每年需做两次检疫，检出阳性应严格隔离饲养，固定放牧地点及饮水场，严禁与健康畜接触。对污染的畜舍、运动场、饲槽及各种饲养用具等进行严格消毒，流产胎儿、胎衣等做无害化处理。

布鲁氏杆菌病没有好的药物进行治疗，对布氏杆菌病发病地区或受威胁地区，进行定期预防接种，可用牛布氏杆菌19号苗、灭活苗布氏杆菌45/20、布氏杆菌猪型2号冻干苗等。

（三）牛结核病

牛结核病是由结核分枝杆菌引起人畜共患的一种慢性、消耗性传染病，以牛渐进性消瘦、咳嗽、体表淋巴结肿胀等为特征，以肺结核、乳房结核和肠结核最为常见。

1. 病原特点

病原主要有3种，致病分枝杆菌即人型、牛型和禽型。

人型结核分枝杆菌可造成人、牛、羊、猪、狗和猫等与人类密切接触的动物发病。牛分枝杆菌可感染不同种属的动物如有蹄动物、食肉类动物、灵长类动物等50多种,该菌对牛的毒力较强,其次是水牛和黄牛,也是羊结核的主要传染源。禽分枝杆菌可引起鸡、人、牛、羊、猪和马发病。

分枝杆菌对外界环境的抵抗力极强,能耐受干燥、腐败及一般消毒药物。该病原菌:在干燥痰内可存活6~8个月,在冰点下可存活4~5个月,在污水中可保持活力11~15个月,粪便中可存活几个月;对阳光、湿热抵抗力差,2h阳光直射可将其全部杀死;在60℃经30min即可失去活力,100℃立刻死亡;5%石碳酸或来苏尔溶液24h或4%的福尔马林12h可将其杀死。

2. 流行特点

病畜是牛结核病的主要传染源,分枝杆菌随病畜的乳汁、粪便、尿及呼吸道分泌物等排出体外,当易感染牛与病牛接触时,或食入被病原菌污染的饲料、饮水等后感染。饲养管理不良,如牛舍阴暗、通风不良,牛群拥挤,密度过大,饲料营养缺乏和环境卫生差等,都可加快本病的传播。健康家畜可通过呼吸道、消化道、生殖道或胎盘感染。

3. 临床症状与病理变化

在感染前期,结核病牛不表现出临床症状,但在感染后期,常表现出体弱、厌食、消瘦、呼吸困难、淋巴结肿大、咳嗽等症状。病牛死亡后剖解,可见干酪样坏死、钙化、上皮样细胞、多核巨细胞和吞噬细胞等。

4. 诊断

根据流行病学、临床症状等可初步怀疑,但确诊需实验室病原分离。

5. 防治

本病的防控要点是坚持预防为主，采取检疫、监测、隔离、扑杀、消毒、净化相结合的综合防治措施。牛结核病的检疫、检测方法采用世界动物卫生组织推荐的结核菌素变态反应试验（PPD）。

定期检疫：每年春秋两季，对牛场检测二次，检测方法一般为结核菌素变态反应，也有结核病诊断试纸条。种牛、肉牛监测比例为 1∶1，规模化养殖场肉牛 10%，其他牛 5%，疑似病牛 100%，凡结果呈阳性的牛群，每隔 30～45 天重点监测（检疫）一次，连续 3 次监测（检疫）不再发现阳性牛时，才视为健康牛群。病牛所产的犊牛于出生后分别于 20 日龄、100～120 日龄和 6 月龄连续监测（检疫）三次，结果为阴性者送入假定健康牛群培养。假定健康牛群每隔 3 个月进行一次监测，连续三次监测阴性的即可视为健康牛群。发现阳性反应者及时向相关机构报告，经动物防疫监督机构进行调查核实确诊后，及时扑杀阳性牛，隔离畜群，并对污染环境进行消毒，该畜群按污染群处理。疑似结核病牛要隔离饲养、观察、复检。

消毒：要建立消毒制度，定期对牛舍、运动场、饲养工具等消毒。在养殖场大门和生产区门口，进出车辆与人员要经消毒通道，并严格消毒。消毒药常用 3%～5% 来苏尔溶液、10% 漂白粉或 20% 石灰乳等。

引牛管理：加强流通防疫监管，跨省调运牛时需严格检查检疫证、车辆消毒证明和牛健康证，必须证明无结核病阳性牛时方可引进。引入畜种时，必须就地检疫，隔离观察 1～2 月，确认无病者，方可混群饲养。

加强饲养管理：提高牛体质，增强免疫力。同时，牛场内不得饲养家禽，以免结核病禽对牛健康造成威胁。

饲养人员管理：场内工作人员每年要进行健康体检，取得健康证后方可上岗工作，杜绝结核病人。

（四）牛流行热

由牛流行热病毒引起的急性热性传染病，主要症状为高热、流泪、泡沫样流涎、流鼻涕、呼吸急迫、后躯活动不灵。

1. 流行特点

（1）该病主要侵害牛、黄牛、乳牛、水牛等，均可感染发病。以3~5岁壮年牛、乳牛、黄牛易感性最大。水牛和犊牛发病较少。

（2）病牛是该病的传染来源，吸血昆虫的叮咬为自然条件下传播方式，与病畜接触的人和用具的机械传播也是可能的，其流行季节为很严格的吸血昆虫盛行时期，吸血昆虫消失时流行即宣告终止。

2. 主要临床症状

（1）潜伏期为3~7天。

（2）本病特征是突然发高烧40℃以上，连续2~3天后体温恢复正常。在体温升高的同时，可见流泪，有水样眼眵，眼睑、结膜充血、水肿。呼吸促迫，呼吸次数每分钟可达80次以上，呼吸困难，患畜发出呻吟声，呈苦闷状。病畜震颤，恶寒战栗，食欲废绝，反刍停止。瘤胃蠕动停止，出现鼓胀或者缺乏水分，胃内容物干涸。粪便干燥，有时下痢。四肢关节浮肿疼痛，病牛呆立，跛行，以后起立困难而伏卧。

（3）皮温不整，特别是角根、耳翼、肢端有冷感。另外，颌下可见皮下气肿。流鼻液，口炎，显著流涎。口角有泡沫。尿量减少，尿浑浊。妊娠母牛患病时可发生流产、死胎。乳量下降或泌乳停止。

（4）该病大部分为良性经过，病死率一般在 1.0% 以下，部分病例可因四肢关节疼痛，长期不能起立而被淘汰。

3．主要解剖病变

（1）气管和支气管黏膜充血和点状出血，黏膜肿胀，气管内充满大量泡沫黏液，肺显著肿大，有程度不同的水肿和间质气肿。

（2）全身淋巴结充血，肿胀或出血。

（3）真胃、小肠和盲肠黏膜呈卡他性炎和出血。

（4）关节肿胀，腔内有较多炎性渗出液。

4．防治

（1）预防：切断病毒传播途径，针对流行热病毒由蚊蝇传播的特点，可每周两次用杀虫剂喷洒牛舍和周围排粪沟，以杀灭蚊蝇。另外，针对该病毒对酸敏感，对碱不敏感的特点，可用过氧乙酸对牛舍地面及食槽等进行消毒，以减少传染。

（2）治疗：对于本病目前没有特效药物，可对症治疗。多数病牛呈良性经过，不需治疗。对于因高热而脱水和由此而引起的胃内容干涸，可静脉注射林格氏液或生理盐水 2 ~4L，并向胃内灌入3% ~5%的盐类溶液 10 ~20L。

（五）牛病毒性腹泻

牛病毒性腹泻—黏膜病是由病毒引起的一种广泛传播的接触性传染病。其特征是发热、鼻漏、腹泻、咳嗽、消瘦、白细胞减少、消化道和鼻腔黏膜发生糜烂和溃疡及淋巴组织显著损伤。

1. 流行特点

自然条件下牛、水牛对本病易感，幼龄牛易感性较高，成年牛对本病抵抗力较强。牛感染后可产生坚强的免疫力。该病呈地方性流行，一年四季均可发生。

2. 主要临床症状

（1）本病潜伏期7~21天。

（2）急性型多见于幼犊，表现为高热，体温40.6~42.2℃，持续2~3天，有的呈双相热型。

（3）呈水样腹泻，粪带恶臭，含有黏液或血液。大量流涎、流泪，口腔黏膜和鼻黏膜糜烂或溃疡，严重者整个口腔覆有灰白色坏死上皮，呈煮熟状。引起孕牛流产，犊牛先天性缺陷慢性型较少见，病程2~6个月，有的达1年。发热不明显，典型症状为鼻镜溃烂。

（4）蹄叶炎，趾间皮肤坏死、糜烂，跛行。妊娠牛感染后常发生流产，或产出先天性缺陷犊牛。最常见的是小脑发育不全，瞎眼，共济失调。

3. 主要解剖病变

（1）整个消化道黏膜充血、出血、水肿和糜烂，特征性损害是食道黏膜呈条索状糜烂，胃黏膜水肿和糜烂，肠淋巴结肿大。

（2）小肠急性卡他性炎症，空肠和回肠严重。

（3）流产胎儿的口腔、食道、真胃和气管黏膜可能有出血斑及溃疡。

（4）防治

目前尚无有效疗法，发病后应用收敛剂和补充体液，配合抗菌药物控制继发感染可以减少损失。预防上我国已生产一种弱毒冻干疫苗，可接种不同年龄和品种的牛，接

种后表现安全，14 天后可产生抗体并保持 22 个月的免疫
力。同时在引进种牛时应严格检疫，防止引入带毒牛。一
旦发生该病，对病牛必须及时隔离或急宰，防止扩大传染。

（六）牛恶性卡他热

牛恶性卡他热是由恶性卡他热病毒引起的一种急性、
非接触性传染病，又称坏疽性鼻卡他。其主要特征为头部
黏膜发生急性卡他性纤维蛋白性炎症，并有脑炎症状，病
死率很高。

1. 流行特点

（1）黄牛、水牛、奶牛易感，多发生于 2～5 岁的牛，
老龄牛及 1 岁以下的牛发病较少。

（2）本病以散发为主，病牛不能接触传染健康牛，主
要通过绵羊、角马以及吸血昆虫传播。病牛都有与绵羊接
触史，如同群放牧或同栏喂养，特别是在绵羊产羔期最易
传播本病。

（3）本病可通过胎盘感染犊牛。

（4）本病一年四季均可发生，但以春、夏季节发病
较多。

2. 主要临床症状

（1）本病自然感染潜伏期平均为 3～8 周，人工感染为
14～90 天。

（2）病初高热，达 40～42℃，精神沉郁。

（3）头眼型：眼结膜发炎，畏光流泪，后角膜浑浊、
眼球萎缩、溃疡及失明。鼻腔、喉头、气管、支气管及颌
窦卡他性及伪膜性炎症，呼吸困难，炎症可蔓延到鼻窦、
额窦、角窦，角根发热，严重者两角脱落。鼻镜及鼻黏膜
先充血，后坏死、糜烂、结痂。口腔黏膜潮红肿胀，出现

灰白色丘疹或糜烂。病死率较高。

（4）肠型：先便秘后下痢，粪便带血、恶臭。口腔黏膜充血，常在唇、齿龈、硬腭等部位出现伪膜，脱落后形成糜烂及溃疡。

（5）皮肤型：在颈部、肩胛部、背部、乳房、阴囊等处皮肤出现丘疹、水泡，结痂后脱落，有时形成脓肿。

（6）混合型：此型多见。病牛同时有头眼症状、胃肠炎症状及皮肤丘疹等。有的病牛呈现脑炎症状。一般经 5 ~ 14 天死亡。病死率达60%。

3．主要解剖病变

（1）鼻窦、喉、气管及支气管黏膜充血肿胀，有假膜及溃疡。

（2）口、咽、食道糜烂、溃疡，第四胃充血水肿、斑状出血及溃疡，整个小肠充血出血。

（3）头颈部淋巴结充血和水肿，脑膜充血，呈非化脓性脑炎变化。

（4）肾皮质有白色病灶是本病特征性病变。

4．防治

目前尚无有效治疗方法，主要是加强饲养管理，增强动物抵抗力，注意栏舍卫生。牛、羊分开饲养，分群放牧。发现病畜后，按《中华人民共和国动物防疫法》及有关规定，采取严格控制、扑灭措施，防止扩散。病畜应隔离扑杀，污染场所及用具等，实施严格消毒。

（七）牛炭疽病

炭疽是家畜共患的一种由炭疽杆菌引起的急性、热性和败血性传染病。其特征是病牛皮下和浆膜下组织呈出血性浸润，血凝不全，脾脏肿大，常呈最急性和急性经过。

本病可传染给人。

1．流行特点

（1）各种家畜和野生动物都可感染，其中草食兽最易感。

（2）病畜的血、内脏和排泄物中的大量菌体对环境、水源造成污染。

（3）本病经消化道传播；此外，经皮肤、昆虫叮咬也可感染。

2．主要临床症状

（1）潜伏期1～5天，最急性病例。

（2）可视黏膜发绀，呼吸困难，天然孔出血，血凝不全。

3．主要解剖病变

（1）牛表现为急性败血症，天然孔出血。

（2）脾脏大几倍，血不凝固，脾髓及血为煤油样。

（3）内脏浆膜可见出血斑点，皮下胶样浸润。

4．防治

（1）病死畜焚烧及深埋。

（2）与病死动物接触过的人畜应该注射免疫血清。

（3）疫区或受威胁区每年注射炭疽芽孢苗。

（八）副结核病

由副结核分枝杆菌引起的牛慢性增生性肠炎。

1．流行特点

呈世界性分布，中国也有发生。犊牛易感，尤其30日龄的犊牛最易得病，绵羊和山羊偶也可被感染。超过5岁成年牛很少发展成为病牛，但可以终身带菌。通过消化道、生殖系统传播。

2. 主要临床症状

（1）潜伏期数月至两年以上。

（2）典型症状是持续性的喷射状腹泻，稀便中含有大量气泡，发恶臭。

（3）卡他性肠炎，长期顽固性腹泻，极度消瘦，体温一直无变化，牛群死亡可达10%。

3. 主要解剖病变

（1）肠黏膜高度增厚并形成皱襞，在皱襞褶中藏有大量成堆的抗酸性杆菌，但无结核或溃疡。

（2）肠系膜淋巴结肿大变软，切面润湿，有黄白色病灶。

4. 防治

目前尚无有效的治疗方法。主要采取加强检疫，严禁引入带菌牛，逐渐净化牛群是控制该病的最根本的方法。现已有用死菌苗作预防的报道。

（九）牛巴氏杆菌病

牛巴氏杆菌病是一种急性、热性、全身性传染病。本病又叫牛出血性败血症。其特征是发病突然、肺炎、急性胃肠炎和内脏的广泛性出血。

1. 流行特点

（1）多杀性巴氏杆菌为牛上呼吸道的常在菌，牛扁桃体带菌率为45%，一般不呈现致病作用。溶血性巴氏杆菌不常从正常牛上呼吸道分离出来，有时以非致病性的血清Ⅱ型存在于上呼吸道。在应激因素（如牛舍通风不良、运输、拥挤等）导致呼吸道防御机能受损、机体抵抗力下降时，多杀性巴氏杆菌和非致病性的溶血性巴氏杆菌血清Ⅱ型有机会在下呼吸道大量繁殖，或由血清Ⅱ型转变为具有较强毒力的血清 I 型。多杀性巴氏杆菌常可与昏睡嗜血杆菌、支原体和呼吸道病毒混合感染，而溶血性巴氏杆菌通常是原发病原菌，如因饲料品质低劣、营养成分不足、矿物质缺乏、牛舍拥挤、卫生条件差、气候突变、闷热、寒冷、阴雨潮湿，以及机体受寒感冒等引起牛的抵抗力下降时，此病菌会乘机侵入体内，发生内源性传染。一旦发病，病牛会不断排出强毒细菌，感染健康牛，造成整个牛场、整个地区的巴氏杆菌病流行。

（2）病牛排泄物、分泌物中有大量病菌。当健康牛采食被污染的饲料、饮水时，经消化道感染；或健康牛吸入带细菌的空气、飞沫，经呼吸道传播；也可经损伤的皮肤和黏膜传染。

2. 主要临床症状

（1）本病潜伏期为 2～5 天。

（2）败血型：发病急，病程短。病初体温升高到 40℃以上，反刍停止，食欲废绝，泌乳停止，呼吸、心跳加快，肌肉震颤，结膜潮红，鼻镜干燥，有浆液性或黏液性鼻液，其间混有血液；下痢，粪中带有黏液或血液，恶臭，从拉稀开始，体温随之下降，多于病后 12～24h 死亡。

（3）水肿型：病牛颈部、胸前及咽喉水肿，水肿部的皮肤硬，有疼感，压后指印不退。水肿也可在肛门、会阴和四肢皮下发生。由于咽部、舌部肿胀严重，致使吞咽和呼吸困难，黏膜发绀，舌吐出齿外，口流白沫，烦躁不安，多因窒息而死亡，病程为 12～36h。

（4）肺炎型：主要呈现纤维素性胸膜肺炎症状。病牛呼吸困难，有痛苦干咳。从鼻孔中流出泡沫样带血的分泌物，后呈脓性，可视黏膜发绀，胸部叩诊有实音区，听诊有啰音、胸膜摩擦音，病初便秘，后期腹泻，粪中有血，恶臭。溶血性巴氏杆菌引起的肺前腹侧实变比多杀性巴氏杆菌感染多见，病程 3 ~ 7 天。

（5）水肿型和肺炎型都是在败血型基础上发展起来的。本病的病死率在 80% 以上，痊愈牛可获得坚强免疫力。

3. 主要解剖病变

（1）炭疽的肿胀可发生全身各处，濒死时天然孔出血，血液呈暗紫色，血凝不良，尸僵不全，血液抹片可见炭疽杆菌。

（2）气肿疽的肿胀主要见于肌肉丰厚的部位，触诊柔软，有明显的捻发音。

（3）恶性水肿单发生在外伤或分娩之后，肿胀触之柔软，具捻发音。

（4）牛肺疫病程长，经过较久，肺呈明显的大理石样变化，但缺乏全身性败血症变化，病原为牛胸膜肺炎支原体。

4. 防治

（1）预防：加强饲养管理，合理搭配饲料。牛舍要通风干燥，冬天应做好防寒保温工作，勤换褥草，以增强牛的体质，提高抗病力，减少应激因素。定期全场消毒，搞好环境卫生。

（2）患巴氏杆菌病的牛应立即隔离治疗，全场用 5% 漂白粉或 10% 石灰水消毒，对健康牛仔细观察、测温，凡体温升高的牛，应尽早治疗。发病早期可使用免疫血清对同群健康牛作紧急预防接种。同时使用青霉素、链霉素、氨苄西林、头孢噻唑、恩诺沙星、红霉素、林可霉素、壮观霉素等，都能提高治疗效果。

（十）牛放线杆菌病

本病又名大颌病，是由牛放线菌和林氏放线菌引起的慢性传染病，以头、颈、颌下和舌出现放线菌肿为特征。

1. 流行特点

（1）本病主要侵害牛，2~5 岁的牛易感。

（2）病原菌存在于土壤、饮水和饲料中，并寄生于动物的口腔和上呼吸道中。当皮肤、黏膜损伤时（如被禾本科植物的芒刺刺伤或划破），即可能引起发病。

2. 主要临床症状

（1）常见上、下颌骨肿大，有硬的结块，引起咀嚼、吞咽困难。有时，硬结破溃、流脓，形成瘘管。舌组织感染时，活动不灵，称木舌，病牛流涎，咀嚼困难。

（2）乳房患病时，出现硬块或整个乳房肿大、变形，排出黏稠、混有脓的乳汁。

3. 主要解剖病变

剖检可见除颌淋巴结外，咽、食道、瘤胃、网胃、肝脏、肺脏等处出现脓肿。脓液乳黄色，含有硫黄样颗粒。受细菌侵害的骨骼体肥大，骨质疏松。舌放线菌的肉芽肿呈圆形隆起，黄褐色、蘑菇状，有的表面溃疡。

4. 防治

（1）预防：应避免低洼地放牧。舍饲避免刺伤口腔黏膜，尤其要防止皮肤、黏膜创伤，不用过长过硬的干草喂饲，有伤口要及时处置。

（2）治疗：手术切除硬结。内服碘化钾及用青霉素注射患部。

（十一）牛坏死杆菌病

牛坏死杆菌病是由坏死梭杆菌引起的牛趾间及其周围

软组织变性坏死的一种慢性传染病，临床上多见皮肤、皮下组织和消化道黏膜等组织坏死，亦可在内脏形成转移性坏死灶。

1. 流行特点

（1）坏死梭杆菌广泛存在，牛的皮肤、黏膜或消化道一旦发生损伤，就可能感染发病。牛群密集拥挤，在碎石、煤渣地上干活，或长期在低洼潮湿地放牧，采食带刺植物等，均可促使本病发生。

（2）新生犊牛可经胎盘感染。

2. 主要临床症状

（1）潜伏期 1～3 天。

（2）常见症状有腐蹄病、坏死性口炎、坏死性皮炎、坏死性肠炎等。

3. 主要解剖病变

（1）在蹄部和口腔出现坏死性炎症，一般在内脏也有蔓延或转移的坏死灶。

（2）多在肺内形成数量和大小不等的灰黄色结节，圆而硬。

（3）其他实质器官也可能有坏死。

4. 防治

（1）预防：加强环境卫生和护蹄，避免皮肤黏膜受伤，发生外伤要及时处理。适当补充钙粉，防止犊牛异嗜乱啃。

（2）治疗：腐蹄病，先彻底清除患部坏死组织，用0.1% 高锰酸钾水或3% 来苏水冲洗，用1% 甲醛酒精绷带多层包扎后，涂布熔化的柏油或裹以石膏，防止绷带脱落和污物渗入。犊白喉，小心除去假膜，用1% 高锰酸钾水冲洗口腔，然后涂擦碘甘油，每天 1～2 次，直至痊愈。在局部治疗的同时，为了防止病菌转移，可肌内注射抗菌药物，通常选用青霉素。

（十二）犊牛大肠杆菌病

本病又称犊牛白痢，是由致病性大肠杆菌引起的一种急性传染病。

1．流行特点

（1）大肠杆菌广泛地分布于自然界，动物出生后很短时间即可随乳汁或其他食物进入胃肠道，成为正常菌。新生犊牛当其抵抗力降低或发生消化障碍时，均可引起发病。传染途径主要是经消化道感染，子宫内感染和脐带感染也有发生。本病多发生于2周龄以内的新生犊牛。

（2）本病多发生于冬季舍饲期间，且呈地方性流行。

2．主要临床症状

（1）败血型：发生于产后3天内的犊牛，潜伏期很短，仅数小时。发病急，病程短。表现体温升高，精神不振，不吃奶，多数有腹泻，粪似蛋白汤样，淡灰白色。四肢无力，卧地不起。多发生于吃不到初乳的犊牛。败血型发展很快，常于病后1天内死亡。

（2）中毒型：此型比较少见。主要是由于大肠杆菌在小肠内大量繁殖，产生毒素所致。急性者未出现症状就突然死亡。病程稍长的，可见典型的中毒性神经症状，先不安、兴奋，后沉郁，直至昏迷，进而死亡。

（3）肠炎型：体温稍有升高，主要表现腹泻。病初排出的粪便呈淡黄色，粥样，有恶臭，继则呈水样，淡灰白色，混有凝血块、血丝和气泡。严重者出现脱水现象，卧地不起，全身衰弱。如不及时治疗，常因虚脱或继发肺炎而死亡。个别病例也会自愈、但以后发育迟缓。

3．主要解剖病变

（1）剖解可见胃肠黏膜呈出血性炎症，肠系膜淋巴结肿大。

（2）有时可见肝肾苍白，有出血点。

4．防治

（1）预防：控制本病关键在于预防，怀孕母牛应加强产前和产后的饲养和管理，犊牛应及时吃到初乳。

（2）治疗：主要是抗菌、补液和保护胃肠黏膜，促进毒素排出。

（十三）破伤风

又称"强直症"，俗名"锁口风"。是由破伤风梭菌引起的一种人畜共患的急性、创伤性、中毒性传染病。

1．流行特点

破伤风梭菌广泛存在于土壤和草食动物的粪便中。污染的土壤成为本病的传染源。本病主要是皮肤创伤感染。例如断角、断脐、穿鼻及产后感染。本病一般呈零星散发。

2．主要临床症状

（1）体温正常，肌肉僵硬，张口困难，运动拘谨。呆立、反刍、嗳气、胃臌气。随后呈现头颈伸直，两耳竖立，牙关稍紧，四肢僵硬，尾上举。严重时关节屈曲困难。

（2）对外界刺激的反向兴奋性增高不明显，病死率较低。

3．主要解剖病变

本病无特征性的剖检病变。

4．防治

（1）预防：平时注意饲养管理和环境卫生，防止牛受伤；预防注射，在发病较多的地区，每年定期注射1次，成年牛用1mL。注射后21日产生免疫力，免疫期1年；第二年再加强免疫1次，免疫期4年。幼牛出生后5~6周注射0.5mL；一旦发生外伤，应及时清创消毒、治疗。

（2）治疗本病应包括加强护理、创伤处理和药物治疗三个方面。

①将病牛移入清洁干燥、通风避光的畜舍中，保持安静。

②处理伤口时，应注意无菌操作，扩大创口，彻底排出脓液、异物、坏死组织，并用消毒药（可用2%高锰酸钾、3%双氧水或5%~10%碘酊等）消毒创面，同时在创口周围注射青霉素、链霉素。

③药物治疗要根据病程发展的不同阶段，采取中和毒素、镇静解痉、对症治疗等方法进行。早期一次剂量注射破伤风抗毒素，肌肉或静脉注射。为缓解痉挛，常肌肉注射氯丙嗪250~500mg，或静脉缓慢注射25%硫酸镁100ml。若开口困难，可用3%普鲁卡因10ml或10%肾上腺素0.6~1.0ml，混合注入咬肌；无法采食时应每天补液、补糖2次。

（十四）牛气肿疽

本病是一种由气肿疽梭菌引起的反刍动物的一种急性败血性传染病，又名黑腿病或鸣疽。

1. 流行特点

（1）自然感染一般多发于黄牛、水牛、奶牛、牦牛，犏牛易感性较小。发病年龄为0.5~5岁，尤以1~2岁多发，死亡居多。猪、羊、骆驼亦可感染。病牛的排泄物、分泌物及处理不当的尸体，污染的饲料、水源及土壤会成为持久性传染来源。

（2）该病传染途径主要是消化道，深部创伤感染也有可能。本病呈地方性流行，有一定季节性，夏季放牧（尤其在炎热干旱时）容易发生，这与蛇、蝇、蚊活动有关。

2. 主要临床症状

（1）潜伏期3~5天，最短1~2天，最长7~9天，牛发病多为急性经过，体温达41~42℃，早期出现轻度跛行，食欲和反刍停止。相继在多肌肉部位发生肿胀，初期热而痛，后来中央变冷无痛。患病部皮肤干硬呈暗红色或黑色，有时形成坏疽。

（2）切开患部皮肤，从切口流出污红色带泡沫酸臭液体，这种肿胀发生在腿上部、臀部、腰、荐部、颈部及胸部。此外局部淋巴结肿大。食欲反刍停止，呼吸困难，脉搏快而弱，最后体温下降或再稍回升。一般病程1~3天死亡，也有延长到10天的。发生在舌部时，舌肿大伸出口外。老牛发病症状较轻，中等发热，肿胀也轻，有时有疝痛鼓气，可能康复。

3. 主要解剖病变

尸体显著膨胀，鼻孔流出血样泡沫，肛门与阴道口也有血样液体流出，肌肉丰满部位有捻发音。皮肤表现部分坏死。皮下组织呈红色或黄色胶样，有的部位杂有出血或小气泡。胸、腹腔及心包有红色、暗红色渗出液。

4. 防治

（1）预防：本病的发生有明显的地区性，有本病发生的地区可用疫苗预防接种，是控制本病的有效措施。病畜应立即隔离治疗，死畜禁止剥皮吃肉，应深埋或焚烧。病畜厩舍围栏、用具或被污染的环境用3%福尔马林或0.2%升汞液消毒，粪便、污染的饲料、垫草均应焚烧。在流行的地区及其周围，每年春秋两季进行气肿疽甲醛菌苗或明矾菌苗预防接种。若已发病，则要实施隔离、消毒等卫生措施。死牛不可剥皮吃肉，宜深埋或烧毁。

（2）治疗：早期之全身治疗可用抗气肿疽血清 150～200ml，重症患牛 8～12h 后再重复一次。实践证明，气肿颅期应用青霉素肌肉注射，每次 100 万～200 万 IU，每日 2～3 次；会收到良好的作用。早期之肿胀部位的局部治疗可用 0.25%～0.5% 普鲁卡因溶液 10～20ml 溶解青霉素 80 万～120 万 IU 在周围分点注射，可收到良好效果。

（十五）牛沙门氏菌病

本病又称为牛副伤寒，病原多为鼠伤寒沙门氏菌或都柏林沙门氏菌。

1．流行特点

主要发生在 10～30 日龄的犊牛，舍饲青年犊牛比成年牛易感，往往呈流行性。

2．主要临床症状

（1）犊牛高热 40～41℃、食欲废绝、呼吸困难、肠炎、腹泻、急性败血症，一般于 5～7 日内死亡。

（2）成年牛的症状多不明显，表现高热、昏迷、食欲废绝、呼吸困难等症状，发病后很快出现下痢，孕牛可发生流产。

3．主要解剖病变

犊牛的急性死亡病例，多数出现败血症病变。全身淋巴结肿大、实质脏器肿大、空肠回肠弥漫性充血，常见脾脏萎缩及脱水症状。在急性病例的心壁、腹膜及腺胃、小肠和膀胱黏膜有小点出血。此外可见肝色泽变淡，胆汁浓稠而混浊，肝脾有时有坏死区，关节内有胶样液体。

4. 防治

（1）预防：加强饲养管理，消除发病诱因，保持饲料和饮水的清洁、卫生。一旦发现病情，及时隔离病牛、停止引进犊牛、消毒等措施，尽可能将长期带菌牛检出予以淘汰。另外定期进行免疫接种，如肌肉注射牛副伤寒氢氧化铝菌苗。

（2）治疗：虽然具有抗药性的病原菌多，但在病初使用抗生素可降低死亡率。治疗该病可选用经药敏试验有效的抗生素，如金霉素、土霉素、卡那霉素、链霉素、盐酸环丙沙星，也可应用磺胺类药物。但不能使已感染的牛完全清除病原菌。犊牛脱水症状严重的，需使用止泻剂和补液等对症治疗。

## 二、常见寄生虫病及其防治

### （一）牛吸虫病

牛的吸虫病是由吸虫寄生于牛体引起的一类寄生虫病。

1. 病原及其生活史

主要有片形吸虫、前后盘吸虫、阔盘吸虫、双腔吸虫和血吸虫等。

（1）片形吸虫：常见，为片形科的肝片吸虫和大片吸虫（图9-1，图9-2）；虫体背腹扁平，外观呈树叶状，活时为棕红色，死后呈灰白色，大小为（21～75）mm×（5～14）mm。成虫寄生于牛羊的肝脏胆管内，其排出的虫卵可随胆汁进入消化道，经粪便排出体外，在外界一定条件下可孵化出毛蚴，毛蚴可钻入中间宿主——淡水螺体内，进一步发育成胞蚴、雷蚴和尾蚴。侵入螺体内的一个毛蚴可以繁殖出百个乃至数百个尾蚴，尾蚴可以离开淡水螺，在水中游动，并能附着于水草等植物形成囊蚴，当牛羊吞食含有囊蚴的水草或水而感染。囊蚴可在牛、羊的肠道内逸出童虫，童虫可移行至肝脏胆管，发育为成虫。

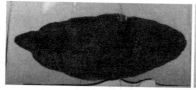 

图9-1　肝片吸虫玻片标本　　图9-2　大片吸虫玻片标本

（2）前后盘吸虫：常见，为前后盘科的后盘属、殖盘属、腹袋属、菲策属吸虫等；虫体形态因种类各不相同。成虫寄生于牛羊的瘤胃和网胃壁上（图9-3），但其中平腹吸虫寄生于牛羊的大肠，其生活史和片形吸虫相似。

图9-3　寄生于牛瘤胃的前后盘吸虫

（3）阔盘吸虫：歧腔科的阔盘属；虫体活时为棕红色，死后为灰白色，虫体扁平，较厚，呈长卵圆形，体表有小棘，大小为（8～16）mm×（5～5.8）mm。成虫寄生于牛羊的胰脏胰管内，其排出的虫卵随粪便排出体外，在第一中间宿主——陆地螺体内发育成毛蚴、母胞蚴、子胞蚴，子胞蚴从蜗牛气孔排出，附在草上，形成含有尾蚴的圆形囊即子胞蚴黏团。子胞蚴黏团被第二中间宿主——草螽（蚱蜢）吞食后，尾蚴可钻出子胞蚴，进一步发育成囊蚴。当牛、羊吞食含有囊蚴的草螽而感染。

（4）双腔吸虫：双腔科的有矛形双腔吸虫和中华双腔吸虫；虫体扁平、透明，呈棕红色，肉眼可见内部器官，表面光滑，前端尖细，后端较钝，呈矛状；体长（5～15）mm×（1.5～2.5）mm。成虫寄生于牛羊的肝脏胆管。幼虫发育需要2个中间宿主，第1中间宿主为陆地螺，第二中间宿主为蚂蚁，当牛羊吞食含有幼虫的蚂蚁而感染。

（5）血吸虫：在我国尤其四川部分地区存在，成虫寄生于牛羊的肠系膜静脉内，其排出的虫卵一部分随血液流到肝脏，一部分逆血流沉积在肠壁形成结节，由于虫卵的毒素作用，使结节及周围肠壁组织破溃从而进入到消化道而排出体外。虫卵在外界可孵化出毛蚴，毛蚴在水中遇到中间宿主——钉螺后，可钻入钉螺体内，进一步发育成尾蚴，尾蚴在水中游弋，牛羊多因皮肤在水中接触尾蚴而感染，也有吞食含尾蚴的草或水而感染。尾蚴侵入牛体皮肤，变为童虫，经血液循环进入到达肠系膜静脉内寄生。

2. 流行特点

肝片吸虫和前后盘吸虫在我国普遍流行，一年四季均可发生，北方多在气候温暖、雨量较多的夏秋季节，南方因温暖季节较长，可在夏秋季节乃至冬季发生。日本血吸虫在我国长江流域以南发生，四川境内主要在眉山、德阳、凉山州的普格、雅安芦山等部分山区流行。

3. 临床症状及病理解剖变化

（1）牛感染肝片吸虫病轻微时，一般不表现出症状，当感染严重时，表现出营养不良、体况消瘦、被毛粗乱、颌下及胸下水中和腹水；严重时引起死亡。解剖可见肝脏胆管、胆囊内有肝片吸虫成虫。

（2）牛感染前后盘吸虫，严重时多为童虫移行引起，表现为食欲减退，消瘦，贫血、颌下水肿，顽固性下痢，粪便呈粥样或水样，常有腥臭，可见消化道出血性胃肠炎。解剖可在瘤胃内发现大量成虫（图9－3）；肠道内亦见大量童虫。

（3）牛感染阔盘吸虫，严重时主要引起胰脏功能异常，导致消化不良，动物表现为消瘦、营养不良、贫血、胸前出现水肿、下痢。解剖可见胰管增生性炎症，胰脏内可见成虫。

（4）牛感染双腔吸虫。严重时，病牛表现为精神沉郁，行动迟缓，食欲不振，黏膜苍白、黄染，颌下水肿，腹胀，下痢，渐进性消瘦，终因极度衰竭而死亡。剖检可见肝脏稍肿或肿大，切开肝脏用力挤压，从胆管内流出大量深褐色或黑色点状和小絮状虫体，胆囊内胆汁中也存有大量虫体。

（5）牛感染血吸虫：严重时主要表现为腹泻、贫血、颌下和腹下部水肿，消瘦，发育不良。解剖可见腹腔内有大量积水，肠系膜淋巴结水中，肝脏病变较为明显，其表面有大小不等、散在的灰白色或灰黄色虫卵结节；肠壁有出血点、溃疡或坏死灶。

4. 诊断

根据临床症状，尤其食量不减又表现体况消瘦、被毛粗乱等可怀疑寄生虫病，进一步确诊需要检测虫卵或虫体。

5. 治疗

肝片吸虫选用氯氰碘柳铵盐、肝至净，日本血吸虫选用吡喹酮，前后盘吸虫选用硫双二氯酚，使用药物的方法和剂量参照说明书。

6. 预防

不要在水源尤其有钉螺、椎实螺的地方放牧；夏秋季节下雨后，有条件的把牛赶回牛舍，最好天气晴朗放牧；含有雨水的青草最好晾晒后在喂食；每年春秋2季进行一次预防性驱虫，驱虫药物的选择和使用方法同治疗。

（二）牛线虫病

牛的线虫病是由线虫寄生于牛的消化道、呼吸道及其他脏器而引起的一种寄生虫病，在生产上见的最多的为消化道和呼吸道线虫病。

1. 病原及其生活史

线虫多呈两侧对称，体长，形似长短不一的线条。常见的主要有血矛线虫、毛首线虫、仰口线虫、食道口线虫、网尾线虫和腹腔丝虫等。

（1）血矛线虫：雌虫长13.51~25.1mm，活虫吸食血液后，含有血液的肠道和子宫相互扭曲呈麻花状，在体后约1/4处有阴门盖形成的支出结构；雄虫长10.1~17mm，尾端交合伞呈鱼尾状（图9-4），主要寄生于牛羊的皱胃或十二指肠上段的黏膜上（图9-5）。雌雄虫交配后，雌虫排出虫卵，虫卵随粪便排出体外，在外界适宜条件下，孵出幼虫，幼虫经4~5天蜕皮2次成为感染性幼虫。当牛羊吞吃到含有感染性幼虫的牧草时，感染性幼虫进入宿主的前胃，脱鞘后移行至皱胃或十二指肠上段，再蜕皮一次发育为成虫。其他线虫的生活史过程都基本相同，以下省略，虫体形态参照《中国畜禽线虫形态彩色分类图谱》。

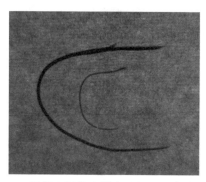

图9-4　捻转血矛线虫雄虫（短）和雌虫（长）

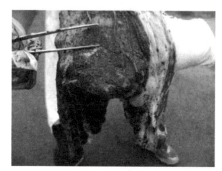

图9-5　羊胃部寄生的捻转血矛线虫

（2）毛首线虫：毛首线虫呈乳白色，虫体一端较粗，一端细长，形似长鞭（图9-6），雌虫长38.33~70.01mm，雄虫长34.21~90.05mm，寄生于牛的盲肠。

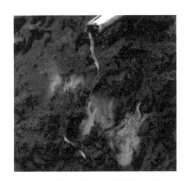

图9-6　寄生于牛盲肠的毛首线虫

（3）仰口线虫分牛仰口线虫和羊仰口线虫，虫体呈头端向背侧弯曲（图9-7），雌虫长 13.9～20.1mm，雄虫长 7.5～18mm，寄生于牛的小肠。

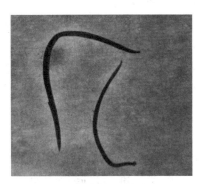

图9-7　仰口线虫

（4）食道口线虫，雌虫 16～19.5mm，雄虫长 12.5～16.3mm，寄生于牛的大肠。

（5）网尾线虫主要有胎生网尾线虫和安氏网尾线虫，虫体呈乳白色或淡黄色丝状，雌虫长 41.6～72.1mm，雄虫长 20.2～55.2mm，寄生于牛的支气管和气管。

（6）腹腔丝虫：虫体呈乳白色丝状形，有唇乳突腹腔丝虫、盲肠四状线虫和黎氏丝状线虫；雌虫长 75～127mm，雄虫长 47.01～57.03mm，寄生于牛的腹腔。丝状线虫的生活史离不开中间宿主蚊虫类，因此该病多发生于蚊虫滋生季节。成虫产生的幼虫——微丝蚴进入宿主的血液循环，当蚊虫刺吸牛羊血液时，微丝蚴随血液进入到蚊虫体内并发育成感染性幼虫，而后幼虫可移行至蚊虫的口器，当这种蚊叮咬其他牛时，即引起其感染。

2. 流行特点

牛的线虫病流行于春季和秋季，主要是因为幼虫在外界的发育受环境中温度、光照的影响；另外，腹腔丝虫与蚊虫活动季节密切相关。

3. 临床症状与病理变化

牛感染线虫主要表现为体表消瘦、贫血、被毛粗乱。消化道线虫病多见消化功能紊乱如消化不良、腹泻等症状；肺线虫病多见咳嗽、气喘和肺炎；牛感染腹腔丝虫一般无明显症状。解剖病牛可见消化道或呼吸道损伤，并能见到大量成虫虫体。

4. 诊断

根据临床症状，尤其食量不减又表现体况消瘦、被毛粗乱等可怀疑寄生虫病，进一步确诊需要检测虫卵或虫体。

5. 治疗

牛的消化道和呼吸道线虫病可选用左旋咪唑、丙硫咪唑、阿苯达唑、伊维菌素；腹腔丝虫选用乙胺嗪（针对微丝蚴）结合伊维菌素类（针对成虫）进行治疗。药物的用量和方法按照药物说明书进行。

6. 预防

保持充足的营养饲料供给；定期清扫圈舍，保持圈舍卫生；粪便堆积发酵，杀灭虫卵；牛场做好灭蝇工作；定期驱虫（药物同治疗药物）。

（三）牛绦虫病

牛的绦虫病是由绦虫幼虫或成虫寄生于牛体而引起的一类寄生虫病。其中，包虫病在我国一些地方为重大人畜共患病。

1. 病原及其生活史

牛的绦虫病病原分为绦虫幼虫（中绦期虫体）和绦虫成虫两类。

（1）幼虫病原：主要有棘球蚴（包虫）、牛囊尾蚴、脑多头蚴等。

棘球蚴是细粒棘球绦虫、多房棘球绦虫的幼虫；棘球绦虫大小如米粒，寄生于犬科动物的小肠内，虫卵随粪便或在节片中被排出体外，而污染外界环境。当牛羊在放牧时吞食了虫卵或人、牛羊从空气中吸入虫卵（虫卵可因大风在空气中飘浮）而感染。虫卵进入人、牛羊体内后，虫卵内的六钩蚴可逸出，在宿主的肝脏、肺脏等部位寄生并发育成包囊；当包囊破溃后，包囊液中的棘球砂随包囊液流到其他部位又重新发育。屠宰患病牛羊时，带有病原的内脏被犬等吞吃后，幼虫可在犬等体内发育至成虫。

牛囊尾蚴是牛带绦虫的幼虫；牛带绦虫为乳白色、带状，虫体长 5～10m，最长可达 25m 以上，寄生于人的小肠内。虫卵孕节随人粪排出，污染牧地或饮水，当牛吞食虫卵后，六钩蚴逸出虫卵，钻入肠壁，随血液循环散布于全身肌肉，经 10～12 周的发育变为牛囊尾蚴。牛囊尾蚴在成年牛体内一般 9 个月内死亡，人吃生的或半生的含有囊尾蚴的牛肉而感染。

脑多头蚴又称脑共尾蚴或脑包虫，为乳白色、半透明的囊泡，大小根据在牛体内寄生的部位的不同而差异很大，寄生于牛的皮下或脑内等部位。成虫是多头带绦虫，其外形与莫尼茨绦虫相似，寄生于犬的小肠，生活史同上。

（2）成虫病原：莫尼茨属绦虫、无卵黄腺绦虫、曲子宫绦虫和牛带绦虫等，但最常见的为莫尼茨绦虫和无卵黄腺绦虫。莫尼茨绦虫呈乳白色、带形竹节状，是一种大型绦虫。虫体背腹扁平，体前部细后部宽，最宽处可达1.6cm，长可达10m。莫尼茨绦虫成虫寄生于牛、羊等动物的小肠内，虫体成熟孕卵节片脱落后随粪便排出体外，节片在体内或外界破裂而逸出虫卵，虫卵被中间宿主如地螨吞吃后，在其体内发育成似囊尾蚴（发育过程中的另一种幼虫），当牛等吃了含有似囊尾蚴的地螨而引起感染。无卵黄腺绦虫的形态、发育史和寄生部位类似于莫尼茨绦虫。

2. 流行特点

牛羊绦虫病流行广泛，主要危害犊牛。莫尼茨绦虫病多发于夏秋季节，与地螨的出现季节有关。包虫病流行于新疆、青海、西藏、四川的甘孜州和阿坝州等地。多头蚴主要流行于牧区或半农半牧区。

3. 临床症状与病理变化

一般不出现临床症状；严重感染时可出现精神不振、消瘦、贫血、腹泻，有时出现明显神经症状，甚至死亡。剖检可见黏膜贫血，肠系膜淋巴结、黏膜、脾增生，肠黏膜出血，小肠中有数量不等的绦虫。脑包虫因在脑部寄生部位不同而表现不同临床症状如转圈或行走异常等；中绦期幼虫在牛体内脏寄生，剖检可见包囊或囊状体。

4. 诊断

根据流行病学、临床症状等可初步怀疑，确诊须查其虫卵或虫体节片。

5. 治疗

对患绦虫成虫的病牛用吡喹酮、氯硝柳胺治疗，剂量方法见说明书使用；对患绦虫幼虫的牛用丙硫咪唑，以每千克体重 60～80mg/次口服，间隔 1 天 1 次，10 天为一疗程。

6. 预防

减少牛吞食中间宿主的机会，消灭中间宿主如地螨；定期驱虫；牛粪务必堆积发酵或沤肥，未处理的粪便不能用于施肥。

(四) 牛焦虫病

牛焦虫病是由焦虫寄生于牛的血液红细胞、白细胞而引起的血液原虫病。

1. 病原及特

点包括两类，即牛巴贝斯虫和牛环形泰勒虫。前者寄生于牛的红细胞内，后者寄生于牛的红细胞、巨噬细胞和淋巴细胞内。虫体的发育需要中间宿主——蜱，蜱刺吸病牛时，虫体经血液进入蜱体内进一步发育，当蜱再次刺吸其他牛时，又使其他牛感染焦虫病。

2. 流行特点

该病流行于有牛羊，且有蜱的地方，多发于牧区或半农半牧区，发病季节与蜱流行季节密切相关，一般春、夏、秋季易发生。

3. 临床症状与病理变化

病初体温升高，体温升至 40～41.5℃，呈稽留热，以后下降多变为间歇热；精神沉郁；反刍减弱或停止；卧地不起；有时便秘；贫血严重，可视黏膜贫血黄疸；触诊可感觉颌下、肩前淋巴结肿大；拉血红蛋白尿；有时静脉抽血可见血液稀薄如水。

**4. 诊断**

根据临床症状，尤其拉血尿可怀疑本病，确诊需要进行虫体检测。

**5. 治疗**

可用三氮脒（贝尼尔、血虫净）、硫酸喹啉脲（苏拉明）、台盘蓝、黄色素等针对焦虫进行治疗，同时配合其他药物对症治疗。

**6. 预防**

注意灭蜱，避免将牛赶到有蜱出没的地方放牧；不要从有焦虫病流行的地方引进牛。

**（五）牛体表寄生虫病**

牛的体表寄生虫病是外寄生虫附着于体表，通过吸食宿主血液或皮肤组织而引起的一类寄生虫病。外寄生虫病无论大小，均为寄生性节肢动物，故又称寄生性节肢动物病。

**1. 病原**

寄生于牛体表的寄生虫种类较多，常见的有蜱（图9-8）、螨、虱和蚤。

图9-8 羊仰口线虫

（1）蜱：主要分硬蜱和软蜱2种，硬蜱种类多，常见的有牛蜱、扇头蜱、血蜱等；软蜱有锐缘蜱等。蜱体积变化大，吸饱血的蜱体积是未吸饱血的蜱体积的1000倍；有的蜱终生在牛或羊体上，有的蜱需要吸血时才寄生在牛体，其余时间在环境中如圈舍墙缝等，因此，有"一宿主蜱""二宿主蜱""三宿主蜱"。蜱对牛的危害不仅是吸血，而且还传播其他的病毒或更新的病原。

（2）螨：包括疥螨和痒螨，疥螨个头较小，用10倍放大镜可以清晰观察。疥螨虫体呈圆形，微黄白色，背面隆起，腹面扁平，体表有细横纹、锥突、圆锥形鳞片和刚毛，腹面有四对比较粗短的足。雄虫大小为（0.23~0.23）mm×（0.14~0.19）mm，雌虫大小为（0.33~0.45）mm×（0.25~0.35）mm，寄生于牛羊的表皮层内。痒螨虫体呈卵圆形，灰白色，假头后没有垂直刚毛，但躯体上可能有硬化的板，痒螨背面有皱纹，足相对比较长，虫体长0.5~0.9mm，肉眼可见，寄生于皮肤表面。

（3）虱：有吸血虱和毛虱两类。吸血虱寄生于牛的皮肤并吸取牛的血液。毛虱寄生于牛的毛上，以毛为食。

（4）蚤：又称蠕形蚤，为小形无翅昆虫，分头、胸、腹三部分。

2. 临床症状

患病牛表现剧痒，骚动不安，常在墙、柱等物体上摩擦；体外寄生虫叮咬牛羊时，可引起皮肤机械性损伤，皮肤炎症，有的皮肤形成大量的痂皮；大量寄生时，可造成家畜体质衰弱、发育不良、贫血、消瘦、毛皮质量低劣，脱毛等症状。

3. 诊断

根据临床症状，再肉眼观察检测虫体确诊，螨虫可刮取皮屑镜检。

4. 治疗

可选用氯氰碘柳胺或阿维菌素类药物对患牛进行治疗，必要时可配合使用 1:400 的螨净溶液或 0.025% ~ 0.05% 的双甲脒溶液喷洒牛体。

5. 预防措施

加强饲养管理，保持圈舍卫生、干燥，勤换垫草，常晒；定期用溴氰菊酯类、双甲脒药物对圈舍等场所喷洒，消灭环境中病原。

### 三、其他常见病及其防治

（一）牛前胃弛缓病

牛前胃弛缓是由于各种原因导致前胃（瘤胃、网尾、瓣胃）兴奋性降低，收缩力减弱，致前胃内容物不能向消化道后部推送，而发生腐败、酵解而引起食欲减退、反刍减少或废绝的一种全身机能紊乱的一种消化道疾病。

1. 病因

牛前胃弛缓分为原发性前胃弛缓和继发性前胃弛缓。

（1）原发性前胃弛缓：主要由突然摄入能改变瘤胃内环境平衡的饲料或饲养管理不当引起。饲料性因素包括：突然摄入过量适口性好的精料，饲料量远远超过平时的日采食量；食入过量不易消化的粗纤维饲料，如野生杂草、秸秆等；矿物质缺乏，尤其是缺钙，导致神经体液调节机能减弱，前胃收缩能力降低；误食化纤塑料袋，食入胎衣等。管理因素包括：饲养方式突然发生改变，如由放牧迅速变为舍饲或舍饲突然改变为放牧；经常更换饲养员和调换圈舍和牛床；圈舍环境恶劣、阴暗、潮湿、寒冷；各种应激因素，如恐吓、酷暑、严寒等。

（2）继发性前胃弛缓：主要是继发于其他消化道疾病如口炎、齿病、创伤性网尾炎、腹膜炎、缺钙病等。除此之外，临床上大量滥用抗生素药物或磺胺类药物（破坏瘤胃内正常菌群）也可引起性前胃弛缓。

2. 临床症状

急性型表现为精神委顿，食欲减退或消失，反刍减少或停止，瘤胃充满松软内容物，蠕动次数减少，时而有嗳气伴酸臭味，便秘或下痢；重者伴发消化道炎症或酸中毒，排出大量棕褐色稀粪，恶臭，鼻镜干燥，眼球下陷，有脱水症状。慢性型表现为食欲不定，发生异嗜，反刍不规则，便秘或下痢，或便秘下痢交替进行，结膜发绀，全身衰竭。

3. 诊断

根据观察、问诊、叩诊、听诊胃部，发现病畜反刍减少，食欲降低或废绝，瘤胃内充满柔软食物，叩诊无明显变化，听诊瘤胃、网尾或瓣胃蠕动声音减弱，全身其他生

理指标如呼吸、脉搏，温度等正常情况下，可作出判断。

4. 治疗

以改善饲养管理，排出病因，恢复胃肠运动能力，改善和恢复瘤胃内环境，防治脱水和自体中毒为治疗原则。症状轻者，病初绝食1~2天，饲喂少量容易消化而富有营养的饲料和清洁饮水，可用生菜油1 000~2 000ml或300~500g硫酸镁、10~20g鱼石脂兑600~1 000ml温水，一次性口服，促进瘤胃内容物的排出；同时可用10%氯化钠溶液100ml、5%氯化钙溶液200ml、20%安钠咖溶液10ml，静脉注射，促进前胃蠕动。严重病例，出现中毒现象和脱水症状的，可选用25%葡萄糖溶液500~1 000ml或5%葡萄糖生理盐水1 000~2 000ml、40%乌洛托品溶液20~40ml、20%安钠咖注射液10~20ml，同时5%碳酸氢钠溶液3 000~4 000ml，静脉输液。病程较长，极顽固前胃弛缓病例，还可使用洗胃的办法（用大号导胃管导出瘤胃内的稀薄内容物，灌入35℃左右温水，推揉瘤胃使内容物稀释混合然后导出，）纠正瘤胃内过高或过低的pH值，同时导入健康牛的瘤胃内容物。

5. 预防措施

应改善饲养管理，消除能导致前胃弛缓的病因。

（二）牛瘤胃胀气病

牛瘤胃胀气是由于瘤胃内充满气体，不能及时排出，导致瘤胃鼓胀、呈现反刍和嗳气障碍的一种疾病。

1. 病因

原发性瘤胃胀气包括泡沫性胀气和非泡沫胀气。前者多是由于采食了大量易发酵、产气的新鲜豆科牧草，如苜蓿、豌豆秸等，在瘤胃内的糊状食糜中产生大量气体，积于瘤胃内，致使瘤胃过分充满而发生膨胀。后者多是因采食了一般性产气的青草，如幼嫩多汁的青草、沼泽地区的水草、霜冻饲料等，在瘤胃内新产生大量气体，并能从糊状食糜中分离出来形成不含泡沫的胀气。继发性瘤胃胀气，继发于某些疾病之后，是该疾病的一种临床症状。如食管阻塞、麻痹或痉挛、创伤性网胃炎等。

2. 临床症状

急性症状多见几分钟或几十分钟内发病，表现为病初频繁嗳气，而后嗳气停止，突然肚胀，左肷部明显增高，触诊瘤胃紧张有弹性，叩诊如鼓音，反刍停止，听诊瘤胃蠕动音减弱，站立不安，呼吸困难，每分钟 $60 \sim 80$ 次，心音初期亢进，后期减弱，脉搏快而弱，可达 100 次/min 次以上，静脉怒张。后期出现呻吟，步样不稳或卧地不起，重者出现窒息或死亡。继发性瘤胃胀气相对于急性胀气来说，发病缓慢，出现瘤胃鼓胀，但症状较轻，多随原发病的变化而变化。

3. 诊断

根据临床症状可做出诊断。另外还可采用胃管探诊，插入胃管后，如为非泡沫性胀气，气体可从胃管逸出，胀气消除；如为泡沫性胀气，气体很难逸出，只有抽出含有泡沫的液体；如为继发性鼓胀，可从胃管逸出气体，但拔出胃管后，胀气又反复出现，其中食管堵塞胀气，堵塞物推入到胃内后，气体逸出，胀气可消除。

4. 治疗

以排气消胀、止酵、泻下、恢复瘤胃机能为治疗原则。原发性瘤胃胀气严重者采用瘤胃穿刺手术，穿刺部位在左侧肷部、髋结节水平线上（即瘤胃胀气时的最高点）。首先用碘酊对穿刺部位进行消毒，然后将消毒好的套管针在脊突与穿刺点的腹壁间呈60°角用力刺入，达到一定深度并确定进入瘤胃后，将针栓拔出，在此过程中，若瘤胃有蠕动，套管针也要跟随转动，以确保放放气通畅。放气过程不宜过快，以防止胸压迅速降低，血液急速回心而致病牛昏厥，放气后，用酒精棉球压迫止血、消毒。对症状轻微者，可加强运动，用木棒横衔于病牛口中，帮助嗳气。泡沫性鼓胀者可灌服松节油20～30ml，鱼石脂15～20g和酒精100～200ml组成的合剂；或250～500ml菜油水或液状石蜡，一次口服。继发性瘤胃胀气，在找准病因后，对原发病进行治疗，同时可借鉴上述办法进行排气。

5. 预防

加强饲养管理，合理搭配饲料，平时限量饲喂易发酵饲料，禁喂霉变腐烂的饲料；防止牛群贪食过多幼嫩多汁的豆科牧草，在舍饲转为放牧时，应先喂些干草或粗饲料；适当限制在牧草幼嫩茂盛的牧地和霜露浸湿的牧地上的放牧时间。

（三）牛流产病

牛流产病指的是牛在妊娠过程中，母体和胎儿的正常生理关系被扰乱，而使怀孕中断。该病不仅能引起胎儿夭折，还能造成母牛生殖器官疾病，导致母牛不孕甚至死亡。

1. 病因

引起牛流产的病因众多，主要有非传染性和传染性因素。非传染性因素包括饲养管理不当如饲喂营养不全或发霉变质饲料、机械性冲撞、应激、滥用易造成流产的药物（腹泻药、皮质激素药等）、生殖系统疾病（子宫内膜炎、宫颈炎等）等。传染性因素包括病毒（牛病毒性腹泻病毒、牛传染性鼻气管炎病毒等）、细菌（布氏杆菌、李氏杆菌、霉菌等）、寄生虫（全新孢子虫、弓形虫等）感染。

2. 临床症状

已诊断为怀孕，但一段时间后孕牛又出现发情症状（胚胎在子宫内被吸收或在下次发情过程中随尿液排出，这种流产被称为隐性流产）；排出不足月胎儿；排出死胎；

胎儿在母体内死亡，死胎长期停留于子宫内，形成干尸（直肠检查时可触摸到圆球，其内容物很硬）、软组织溶解的胎儿骨架（死胎软组织被溶解排出体外，而骨骼仍停留在子宫内。临床表现为阴门流出红褐色黏稠液体，气味恶臭，直肠检查可摸到子宫内有骨块。）或腐败变大的死胎（腐败杆菌通过生殖道进入子宫，腐败分解胎儿组织，使死胎变大，母牛表现为腹围增大，痛苦呻吟，阴门流出乌红色恶臭液体）。

3. 诊断

根据上述临床症状，可做出确诊。

4. 治疗

治疗牛流产首先应搞清楚流产的病因，及胎儿是否存活以确定治疗方案。如果孕牛出现腹痛、起卧不安、呼吸和脉搏加快等先兆性流产症状，阴道检查子宫颈尚未开张，直肠检查胎儿还存活的，应肌肉注射 50～100mg 孕酮安胎、并使用镇静剂安嗅剂（含安钠咖 2.5%，溴化钠，10%）100ml 加 10% 葡萄糖溶液 500ml 静脉注射，治疗期间，尽量减少直肠检查。流产症状已非常明显，子宫颈已开张，胎囊已进入阴道或羊水已破，则应立即助产、取出胎儿。具体方法为：用肥皂水洗净手及手臂，用 0.1% 高锰酸钾消毒，将五指并拢，深入产道，在确定胎位正常的情况下

（胎儿的两前肢平直伸入盆腔，胎头伸直，唇向前置于两肢之间，胎儿的背腹方向与母牛背腹方向一致），用力拉胎儿的两前肢，帮助产出。若胎位不正，则需先纠正胎位后再进行牵拉；当胎儿体型过大，不宜拉出时，还可用绳索套住胎儿下颌，由助手帮助往外拉，注意要与母牛的努责一起用力。对于干尸化胎儿或溶解胎儿，先使用前列腺素制剂，或同时应用雌激素，促使子宫颈张开。取出胎儿，用0.1%高锰酸钾、0.1%新洁尔灭液或5%～10%盐水等反复冲洗子宫。然后注射缩宫素，促使液体排出，最后在子宫内放入抗生素如庆大霉素、青霉素等进行消炎。产后护理，可喂益母草红糖水（益母草500g，红糖500g加水10kg），有利于产后恶露的排净和子宫的复原，同时多喂一些青绿易消化的饲草。

5. 预防措施

加强饲养管理，满足妊娠母牛的营养需要；妊娠期母牛运动要适量，避免剧烈，防治挤压碰撞，受惊吓；有流产史的母牛，在孕期前15～20天每头肌肉注射10mg黄体酮以防流产；加强卫生防疫工作，加强牛场环境卫生监督和定期消毒及疾病预防工作；对于患有影响怀孕的传染病和生殖器官疾病的母牛，要及早治疗；传染病性流产，应对排出物做无害化处理，同时对牛场环境立即消毒。

（四）牛难产病

牛难产是由于各种原因而使分娩明显延长，如不进行人工助产，则母体难以或不能排出胎儿的疾病。

1. 病因

难产按照直接原因可分为产力性难产、产道性难产和胎儿性难产三类。产力性难产是指母牛阵缩及努责微弱导致胎儿不能顺利排出，多数是由母牛年老体弱、饲料营养不足或品种不良，妊娠中缺乏运动等引起。产道性难产是由子宫捻转、子宫颈扩张不全、子宫肿瘤、阴门紧缩、骨盆狭窄等因素引起。胎儿性难产主要是由胎儿过大、畸形、死胎、胎位不正等引起。

2. 临床症状

分娩困难，母体不能排出胎儿。

3. 治疗方法

不同原因造成的难产，采取措施不同。对于产力性难产，可对母牛注射钙剂或催产素，同时撕破羊膜，以免胎儿窒息，然后抓住胎儿的两前腿和头拉出，牵拉时注意配合母畜的阵缩和努责进行，不可强行牵拉；如果助产过迟，子宫不再收缩，子宫颈已缩小或用药物催产无效时，进行剖腹产。对于产道性难产，如子宫捻转可通过产道或直肠对子宫进行矫正，也可翻转母牛让子宫转正，翻转如果成功，可以摸到阴道前端开大，阴道皱襞消失，反之，则不成功；子宫颈开张不全，可注射己烯雌酚 $40 \sim 60mg$，然后再注射催产药物及葡萄糖酸钙，以增强子宫的收缩力，帮助子宫颈开张；其他产道狭窄难产，轻度者可用上述牵拉术牵拉胎儿，牵拉前在阴道内和胎头上涂以润滑剂，牵拉过程要缓慢和耐心；严重者进行剖腹产。对于胎儿性难产，胎儿过大者，在助产时，产道要灌入石蜡，用外阴切开术扩大产道出口，再依次牵拉前肢，配合母畜阵缩和努责拉出胎儿，实在难以拉出者实行剖腹产；若母牛怀双胎，助产时应先推回一个胎儿，再拉出另一个胎儿，此时弄清每个胎儿的四肢，以免拉错；其他胎位不正者，需先进行矫正，必要时灌入润滑剂，拉正胎头进入骨盆腔，然后将胎儿拉出；如果胎儿死亡，可先用上述方法矫正后，牵拉拖出母体，比较困难时，可用长钩钩住眼眶拉头，此方法操作较为省力，但若此方法也比较困难时，可用线锯或绞断器将胎儿躯体截断后拉出；若死胎出现气肿，在助产前应先对死胎进行穿刺放气。

4. 防治措施

选择合适的种公牛精液是预防难产的重要措施；不要给青年母牛配种过早，配种过早容易在分娩时出现骨盆狭窄等情况；妊娠期要加强饲养管理，保证母牛的营养供给，特别是补给蛋白质、维生素、矿物质，同时要避免母牛营养过剩，造成牛体过肥；妊娠母牛要做适度运动（有利于分娩过程中胎儿的转动）。

# 第十章　肉牛场建设与环境控制

## 第一节　牛场选址与布局

### 一、牛场选址

肉牛场场址选择应符合《中华人民共和国畜牧法》和地方土地、环境和农业发展规划要求，还应考虑场地的地形、地势、水源、土壤、地方性气候等自然条件，以及与工厂和居民点的相对距离。肉牛场周围交通运输、电力等条件应能满足要求，废弃物能够就地处理。场址选择主要应注意以下方面。

（1）地势：地势应高燥，背风向阳，空气流通，排水良好；地下水位在2m以下；具有缓坡的最好北高南低，坡度不超过25°；山区地势变化较大，平地面积较小，坡度大，可按照生态园概念设计牛场。

（2）地形与面积：开阔整齐，理想的地形是正方形或长方形，不规则地形需要根据功能区划分，合理布局。土地面积根据设计存栏规模确定，一般育肥牛场场区占地面积按每头育肥牛 $30 \sim 40 m^2$ 计算，繁殖母牛养殖场按每头牛 $45 \sim 55 m^2$ 计算。不同规模牛场占地面积的调整系数为10% $\sim 20\%$ 。

（3）土质：土质坚硬，抗压力和透水性较强，无污染，

较理想的土质为沙性土壤。勿选择低洼地和土质湿、黏性大的地块。

（4）水源：水源充足，取水方便；水质符合人畜饮用水标准，无污染。

（5）交通、电力：选择场址要考虑交通便利，电力供应充足、可靠。至少保证有一条可供大型货车自由进出的通道，以方便运输干草、精料、秸秆等的车辆通行。为便于防疫，牛场离交通主干道应有适当距离。

（6）周围环境：与村镇、工厂、学校、其他偶蹄动物饲养场的距离符合防护要求；距离牧草基地或农作物种植基地较近，便于采购供应饲草饲料；场周边没有毁灭性家畜传染病，没有超过85dB噪声的工矿企业，没有皮革、造纸、农药、化工等有毒、有污染危害的工厂，没有污染性矿场。

（7）其他：放牧牛场要考虑放牧和收牧时牛只进出方便，牧道不能与公共交通道路混用，防止与铁路、水源交叉。

选择牛场场址，还要充分考虑当地饲料饲草的生产供应情况，以便就近解决饲料饲草的采购问题。尤其是青粗饲料，尽量由当地供应，或由本场计划出饲料地自行种植。

**二、牛场的规划布局**

牛场规划布局和设计建设，应本着"标准化、生态化、循环化、机械化"四化原则。标准化，就是按照农业部肉牛标准化养殖示范场标准规划设计建设；生态化，就是以建设生态牛场为目标，植树种草，绿化环境，营造生态氛围；循环化，就是推广"牛—沼—草（果、菜、农作物）"

模式，做到合理规划，种养结合，科学处理牛粪尿废弃物，资源化开发，循环化利用；机械化，就是本着提高机械化程度、降低劳动量、提高生产效率、降低人工成本的原则，牛场规划设计尽量采用机械，道路、牛舍等相关部分能够满足牛场机械运行和操作要求。

（一）功能区划分

根据以上四化原则要求，肉牛场规划布局通常分为 5 个功能区：综合管理区、辅助功能区、生产区（牛舍区）、隔离区和环保处理循环经济区，各功能区之间应相距 50m 以上，隔离区应距其他区 100m 以上，牛场周围及各区之间设置消毒设施和防疫隔离带。

（1）管理区：包括办公室、业务室、宿舍、食堂等，一般设在进入牛场主干道一侧，便于与外界联系；置于牛场常年主导风向的上风向和地势较高的区域。管理区与生产区等设置严格的隔离设施，防止与生产无关人员随意进入。在管理区与生产区之间建设观牛台，避免外来人员进入生产区。

（2）生产区：包括牛舍及配套工程。

育肥牛场主要是育肥牛舍；母牛繁殖场要有成年母牛舍、产房、育成母牛舍、育成公牛舍、犊牛舍、成年公牛舍等。

配套工程和设施众多，包括：更衣室、消毒室、消毒池一般置于管理区与生产区之间的生产大门入口处。更衣室、消毒室用于进出人员消毒，消毒池用于进出车辆消毒。兽医室、兽药室一般置于生产区管理中心位置，便于生产管理和取用。配种室、产房一般置于成年母牛舍附近。个体秤、装牛台一般置于生产区一角，用于出栏牛称重和装牛。地磅及磅房一般置于青贮池、干草棚附近，靠近活牛、草料进场道路一侧。

（3）辅助功能区：主要包括饲料仓库、TMR配料功能区等。青贮池、干草棚、精粗饲料加工间、拌料间、物料库设置在下风口，靠近养殖区，与牛舍保持50m以上距离，与养殖区筑墙分开，既便于取草取料，又便于防火。配电室、水塔、消防水池等设施置于靠近饲草饲料区。

（4）隔离区：隔离区主要是对进场牛只进行隔离，包括观察隔离牛舍、病牛隔离舍、尸坑或焚烧炉、卸牛台、地磅等。

（5）环保处理循环经济区：包括储粪池、固液分离池、沼气池、储气罐、牛粪发酵池、沼液池、污水处理设施等。该区设置在牛场地势较低处和下风向或侧风向，且最好与生产区有100m的间隔，有围墙隔离，并远离水源。根据主风向和坡度安排布局，可减少或防止牛场产生的不良气味、噪声及粪尿污水因风向和地面径流对居民生活和管理区工作环境的污染，并减少疫病蔓延的机会。

牛场生产区、隔离区、环保处理循环经济区统一规划道路，分为净道和污道，两者不得交叉、混用，道路一般宽度不小于4m，转弯半径不小于8m。道路上空净高4m内没有障碍物。

（二）养殖场内建筑布局

牛场设计者过去以人为本地思考牛场建设问题，过去考虑首先是牧场管理者的舒适性，其次才考虑牛的舒适性。前项设计思路根据全年主导风向方位定坐标，生活管理区在上风向，并且生活区尽可能考虑设在场外，养殖区在中段，排污处理区设计在下风向。这种牛场设计思路忽视了牛场设计以"牛"为本,人牛并重的牧场建设思想。

(1)场内建筑布局总设计要求:功能分区、养殖分群、方便操作、有利防疫、环境友好、易于管理。分区理论:布局生产区和生活管理分开,清洁道和污道分开,排污处理区和养殖区分开,方便实行有效的防疫制度,产生最大经济效益。养殖场建筑布局如图10-1,图10-2,图10-3所示。

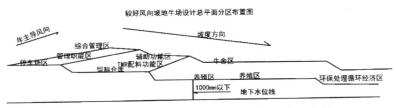

图10-1 坡地场址的坡度方向与年主导风向示意图

图10-2 平地牛场布局年主导风向示意图

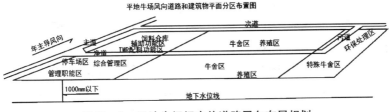

图10-3 平地牛场场内外道路风向布局规划

(2)牛舍的朝向:主要考虑日照和通风效果,以牛舍达到最理想的冬暖夏凉效果为目标。通常情况下,牛舍朝向均以南向或南偏东、偏西45°以内为宜。实践中要充分考虑当地的地形地势及地方性小气候特点，做到因地制宜。

（3）牛舍的间距：牛舍间距主要考虑日照、通风、防疫、防火和节约占地面积。朝向为南向的牛舍，舍间距保持檐高的3倍（6~8m）以上，就可以保证我国绝大部分地区冬至日（一年内太阳高度角最低）9:00至15:00南墙满光照，同时也可以基本满足通风、排污、卫生防疫、防火等要求。

## 第二节　牛舍类型与选择

### 一、牛舍类型

根据投资额度、地区差异、饲养方式等的不同，所建造的牛舍类型多种多样。在生产实践中，主要按开放程度、屋顶结构和舍内排列方式进行分类。

（一）按开放程度分类

根据开放程度不同，牛舍可分为全开放式牛舍、单侧封闭的半开放式牛舍和全封闭式牛舍。

1. 全开放式牛舍

全开放式是指四周无墙体，仅有钢架或水泥结构作支撑，屋顶结构与常规牛舍相同的牛舍（见图10-4）。这种畜舍由于其结构简单、施工方便、造价低廉，应用得越来越广泛。从使用效果来看，只在我国南方大部分地区应用效果较好。因为全开放式牛舍是个开放系统，不能很好地强制吹风和喷水，蚊蝇的防治效果也较差。

图 10 - 4　全开放式牛舍

## 2. 半开放式牛舍

这种牛舍在我国部分地区较常见。通过单侧或三侧封闭并加装窗户（见图 10 - 5），夏季开放，能良好通风降温；冬季封闭窗户，可保持舍内温度。

图 10 - 5　半开放式牛舍

## 3. 全封闭式牛舍

全封闭式牛舍在我国西北及东北地区应用最为广泛

（见图10-6）。冬天舍内可以保持在10℃以上，夏天借助开窗自然通风和风扇等物理送风降温。

图10-6  全封闭式牛舍

（二）按屋顶结构分类

按屋顶结构不同，肉牛舍可分为钟楼式、半钟楼式、双坡式和单坡式等。

1. 钟楼式

通风良好，但构造比较复杂、耗材多、造价高。

2. 半钟楼式

半钟楼式构造较钟楼式简单，仅向阳面单侧设顶窗，也能获得较好的通风效果。

3. 双坡式

双坡式造价相对较低，可利用面积大，适用性广。

4. 单坡式

单坡式构造主要用于家庭式小型牛场，造价低廉。

（三）按牛在舍内排列的方式分类

按牛舍内牛排列的方式，可将牛舍分为单列式、双列式、三列式和四列式。

### 1. 单列式

一般适用于 50 头以下的家庭牛场。牛舍跨度小，通风散热面积大，设计简单，容易管理，但每头牛所摊造价也高于双列式牛舍。

### 2. 双列式

因牛站立方向的不同，可分为牛头向墙的对尾式和牛头相向的对头式。对头双列式饲喂方便，在散放式饲养肉牛场应用较多。但此种牛舍粪便清理不便，畜舍侧墙容易被粪便污染。对尾双列式普遍地应用于拴系式饲养。这样可以保证牛头向窗，有利于光照通风，减少疾病传播。同时，对母牛生殖道和发情观察及清洁卫生工作较为便利，但饲料分发不便。

### 3. 三列式和四列式

多见于大型牛场散栏式饲养。

## 二、牛舍建造的基本要求

我国不同区域的气候条件差异很大，牛舍建筑的基本要求也不尽相同。南方湿润炎热，对夏季防暑降温的要求很高；而北方地区寒冷，则要求冬季防寒；对于中部地区，虽然气候环境较为适宜，但防寒防暑的工作也不容忽视。现代牛舍建筑的基本要求应该体现在以下几点：

### （一）环境适宜，注意方位

牛全年连续性生产，牛舍位置的设置尽量做到冬暖夏凉。中国地处北纬 20°~50°，太阳高度角冬季小、夏季大，故牛舍朝向在全国范围内均以南向（即畜舍长轴与纬度平行）为好。冬季有利于太阳光照入舍内，提高舍温；夏季阳光则照不到舍内，可避免舍内温度升高。由于地区的差异，综合考虑当地地形、主风向以及其他条件，牛舍朝向可因地制宜，向东或向西作 15°左右的偏转。南方夏季炎热，以适当向东偏转为好。从通风的角度讲，夏季需要牛舍有良好的通风，牛舍纵轴与夏季主导风向角度应该大于45°；冬季要求冷空气尽可能少的进入，牛舍纵轴与主导风向角度应该小于 45°。

（二）隔热

隔热主要是为了隔绝畜舍外热量向畜舍内部传播。畜舍的周围热源主要包括：太阳及相邻建筑物和附近路面等的辐射热、外界热空气流动带来的对流热。其中，以辐射热最为重要。

1. 建筑材料的选择

牛舍的隔热效果主要取决于屋顶与外墙的隔热能力。常用的黏土瓦、石棉水泥板隔热能力低，需要在其下面设置隔热层。隔热层一般采用炉灰、锯末、岩棉等填充材料。国内近年来有许多新建牛场采用彩钢保温夹芯板作为屋顶和墙体材料，这种板材一般有上、下两层彩色钢板（一般为 0.6mm），中间填充阻燃型聚苯乙烯泡沫塑料、岩棉、玻璃棉、聚氨酯等作为材芯，用高强度黏合剂黏合而成，是一种新型复合建筑材料。该类板材具有保温隔热、防火防水、外形美观、色泽艳丽、安装拆卸方便等特点。

此外，封闭的空气夹层可起到良好的保温作用；畜舍加装吊顶也可提高屋顶的保温隔热能力。

2. 其他隔热措施

建筑物外屋顶和墙壁粉刷成白色或浅色调，可反射大部分太阳辐射，从而减少牛舍热量吸收。通过在牛舍周围种植高大阔叶树木遮阳，畜舍周围减少水泥地，加大绿化面积，畜舍之间保证足够的间距等措施，也可有效地降低辐射热的产生。

（三）保温

寒冷地区牛舍建造过程中还需要考虑冬季保温。在做好屋顶和墙体隔热措施的基础上，注意地面保温。保温地面结构自上而下通常由混凝土层、碎石填料层、隔潮层、保温层等构成。地面要耐磨、防滑、排水良好。铺设橡胶床垫以及使用锯末等垫料，也能够起到增大地面热阻、减少机体失热的效果。

（四）防潮

我国目前养牛生产，常说的奶牛场四大疾病中，乳房炎和蹄病都和牛舍潮湿有关。防止舍内潮湿，主要可以采取以下几种措施：

1. 建筑物结构防水

要防止屋顶渗漏，以及地下水通过毛细管作用上移，导致墙体和地面潮湿。常用的防水材料有油毡、沥青；黏土平瓦、水泥平瓦等。选用好的防潮材料，在建造过程中增加防潮层，在屋面、地面以及各连接处使用防潮材料。

2. 减少舍内潮湿的产生

牛舍中主要的水汽来自于牛机体，每天牛机体产生的水汽量占畜舍总水汽量的60%～70%，这是无法控制的。另外的30%～40%主要来自于粪尿的积累和畜舍的冲洗等，可以尽量减少。经常采用的措施包括及时将粪尿清理到牛舍外面；减少畜舍冲洗次数，尽量保持舍内干燥；合理组织通风等。

（五）通风

良好的通风主要目的在于实现畜舍空气新鲜、降低湿度和温度三个目的。如果不能同时满足这三点，这种通风将是失败的。

设计牛舍通风系统的原则是：①保证畜舍新鲜的空气。畜舍气体交换可以通过强制送风或自然通风来实现，最好是两者相结合。②灵活的控制方式。通风系统可以通过电扇、窗帘、窗户和通风门的启闭，实现针对牛舍内、外环境变化的灵活控制。③广泛的适应性。通风系统能够满足一年四季不同的变化，可以同时实现连续低频率的空气交换，以便持续不断地移除牛体产生的污浊湿气；根据温度控制的强制气体交换，可以通过气体交换带走热量；高速率气体交换可以在炎热夏季为牛降温、除湿。

钟楼式和半钟楼式牛舍顶部设计贯通横轴的一列天窗，非常有利于舍内空气对流。对于双坡式屋顶，可根据需要设置通气孔。通气孔总面积以畜舍面积的 0.15% 为宜。通气孔室外部分可以安装百叶窗，高出屋脊 50cm，顶部安装通风帽，下设活门以便控制启闭。

牛舍两侧墙体对于通风非常重要。在我国南方地区，侧墙的设置可以阻挡舍内由风机产生的气流的扩散，形成纵向强制风；同时，适当设置底窗，可以形成自然的热压通风，增加畜舍气流的流动。

夏天炎热季节，单靠自然通风显然不够。结合喷雾，采取强制送风，可以取得很好的效果；

**三、牛舍建造**

（一）牛床

牛床具有保温、防滑、坚固耐用、易于清洁消毒、排水等特点。向粪尿沟方向保持 1°~1.5° 的坡度，以利于尿和污水排出。牛床建设推荐尺寸见表 10-1。

表 10-1 牛床建设推荐尺寸 单位：m

| 牛舍分类 | 牛床宽 | 牛床长 | 颈轨高 | 胸板至粪道 |
|---|---|---|---|---|
| 能繁母牛舍 | 1.1~1.2 | 1.6~1.8 | 1.0~1.2 | 1.7~1.8 |
| 围产牛舍 | 1.2~1.25 | 1.8~2.0 | 1.0~1.2 | 1.7~1.8 |
| 育成牛舍 | 1.0~1.1 | 1.5~1.6 | 1.0~1.1 | 1.25~1.45 |
| 育肥牛舍 | 1.1 | 1.8~1.9 | 1.0~1.2 | 1.6~1.8 |
| 犊牛舍 | 0.9 | 1.2 | 0.6~0.78 | 1~1.1 |

（二）排尿沟

排尿沟一般为弧形或方形底，排尿沟与地下排污管的连接处应设沉淀池，上盖铁篦子。

（三）运动场

运动场设在牛舍的阳面或阴面。运动场面积为成年牛每头 20~25m²，育成牛每头 10~15m²，犊牛每头 5~10m²。运动场四周设围栏，包括横栏和栏柱，栏柱高 1.2~1.5m，栏柱间隔 1.5~2m，柱脚用水泥包裹。运动场地面以沙土或三合土为宜，向四周有一定坡度，便于排水。运动场边设饮水槽，饮水槽可用水泥材料或不锈钢材料。南方运动场内设遮阴篷或植树遮阴。

（四）饲喂通道

饲喂通道位于食槽前，人工饲喂时宽度 1.5~2.0m，全混合日粮（TMR）饲喂时宽度 4.0~5.0m（包含饲槽）。饲喂通道地面一般高于牛床 40~60cm。

（五）饲喂槽

饲喂槽设在牛床的前面，分专用食槽和地面食槽两种。专用食槽上口宽 60~65cm，底宽 65~70cm，内缘高 45~

55cm，外缘高60～65cm；地面食槽适于机械化操作，食槽设置于饲喂通道一侧，靠近牛床一端，呈弧形，一般槽口宽50～55cm，槽底深10～15cm，槽底比牛床高30～40cm。

（六）围栏

牛场内牛舍、运动场、赶牛走道等多处需要围栏，围栏选用钢管制作，一般直径4～5cm，高度1.2～1.5m。

（七）降温设施

牛天性怕热、不怕冷。但是由于北方冬季严寒，重点注重牛舍防寒；南方重点在于防暑降温。生产中有多种防暑降温措施：提高牛舍檐口高度至3m以上，增加通风量；牛舍房顶采用夹心彩钢板，增强隔热效果；牛舍内安装风扇、冷风机；牛舍内安装喷雾设施；牛舍墙壁安装湿帘；平顶牛舍房顶种草等。

（八）饮水设施

拴系式饲养：可用饮水碗，一般每两头牛安装一个饮水碗，设在相邻卧栏的固定栏柱上，安装高度要高出牛床60～65cm。也可以用食槽兼水槽。

散养式：最好设置专用饮水槽，也可用饮水碗，亦可以用专用食槽兼水槽。专用饮水槽有水泥结构、不锈钢材料等多种结构和材质，一般宽40～60cm，深40cm，水槽高度不宜超过70cm，水槽内水深以15～20cm为宜，一个水槽满足10～30头牛的饮水需要。寒冷地区要采取相应措施防止水槽结冰，有条件的牛场可选用恒温水槽。无论哪种饮水槽，都要设出水、进水两个口，以保持水的流动和洁净。

**四、牛舍建造基本参数**

母牛舍：采食位和卧栏的比例以1∶1为宜，每头牛占牛舍面积 8 ~ 10m², 运动场面积 20 ~ 25m²。牛舍单列式跨度建议为7m, 双列式为12m, 长度以实际情况决定, 但一般不应超过100m。排污沟向沉淀池方向有 1% ~ 1.5% 的坡度。

产房: 每头犊牛占牛舍面积2m², 每头母牛占牛舍面积8 ~ 10m², 运动场面积20 ~ 25m²。可选用 3.6m × 3.6m 产栏。地面铺设稻草类垫料, 加强保温和提高牛只舒适度。

犊牛舍: 每头犊牛占牛舍面积3 ~ 4m², 运动场面积5 ~ 10m²。牛舍地面应干燥, 易排水。

育成牛舍: 卧栏尺寸和母牛舍不同, 其他基本与母牛舍一致, 每头占牛舍面积4 ~ 6m², 牛位宽1.0m, 牛床长度1.4 ~ 1.6m, 向粪沟方向有1.5% ~ 3%的坡度。

育肥牛舍: 育肥牛舍分为普通育肥牛舍和高档育肥牛舍。普通育肥牛舍分为拴系饲养牛舍和散养式牛舍, 拴系饲养牛舍可以不要运动场, 散养式牛舍每头牛占地面积6 ~ 8m², 拴系饲牛位宽1.0 ~ 1.2m, 牛床长度1.8m, 向粪沟方向有1.5% ~ 3%的坡度; 高档育肥牛舍采用散养式, 自由运动、自由采食、自由饮水, 牛舍与运动场合二为一。在每栋牛舍中, 用隔栏分成若干小群, 每群10 ~ 20头, 每头牛占地面积6 ~ 8m²。

隔离牛舍: 是对新购入牛只或已经生病的牛只进行隔离观察、诊断、治疗的牛舍。建筑与普通牛舍基本一致, 通常采用拴系饲养。

牛舍地面: 地面高于舍外地面10 ~ 15cm。地面要坚实, 足以承受牛只和设备的载荷, 既不会磨伤牛蹄, 又不会打滑。地面多采用混凝土拉毛、凹槽或立砖地面。牛场常用混凝土地面: 底层用粗土夯实, 中间层为30cm厚粗砂石垫层，表层为 10cm 厚 C20 混凝土，表层采用凹槽防滑，深度 0.6～1cm，间距 3～5cm。

运动场：运动场设围栏，包括横栏与栏柱，栏杆高 1.2～1.5m，栏柱间隔 1.5～2m，柱脚用水泥包裹，运动场地面最好是沙土地面，向外有一定的坡度利于排水。运动场边设饮水槽，日照强烈地区应在运动场设凉棚或遮阳网。

# 第三节　牛场主要设施设备

## 一、消毒设施

在牛场大门进出口，特别是生产区与管理区之间、污道进出口等处，建设消毒池和消毒室。消毒池一般设在大门中间，顺路纵向建设，池宽 3～4m，或与门同宽，池长 5～6m，池深 20～25cm，消毒池两端为斜坡，坡度 20%～25%。

在进出口一侧，设消毒室，一般为平房，20～30m²。消毒室内安装喷雾消毒装置或房顶安装紫外线消毒灯，5～8m²/个；地面铺设网状塑料垫或橡胶垫，用以消毒鞋底；设置"S"形不锈钢护栏，增加走动距离和消毒时间。

## 二、青贮设施

常见的青贮池分为半地下式、地下式和地上式，前两种虽然节省投资但不易排出雨水和渗出液。一般青贮池为条形，三面是墙，一面敞开，池底稍有坡度，并设排水沟。青贮池一般为 2.8m 高。根据养牛数量多少确定青贮池宽度，一般为 4～8m，长度因贮量和地形而定。

### 三、饲草料加工设施

加工设备包括牧草收割机、打捆机、铡草机、揉搓机、精料粉碎机、混合机、TMR 搅拌机、饲喂车等，可用于完成对饲料原料的收割、揉切、粉碎、成形、混合、饲喂等。

### 四、干草库

干草库一般为开放式结构，必要时用帘布进行保护，也可三面设墙一面敞开。其建设规模主要依据牛场的饲养数量和年采购次数决定。按照干稻草 80kg/捆、羊草 35kg/捆、苜蓿 40~80kg/捆以及垛高度 4m 等指标来确定草棚的长、宽、高。干草库重点是防火，其次是防雨、防潮，注意与其他建筑物保持一定的距离。

### 五、精料库

精料库正面开放，内设多个隔间，隔间多少由精料种类确定，料库大小由肉牛存栏量、精料采食量和原料储备批次决定。精料库檐口高一般不低于 4.0m，挑檐 2.0~4.0m，以方便装卸料，防止雨雪打湿精料。料库前设计 6.5~7.5m 宽、向外坡度为 2% 的水泥路面，供料车进出。设计时注意防潮防鼠。

### 六、粪污处理设施

（一）牛场粪污处理

牛养殖污染物主要为牛粪尿、冲洗场地水、废弃草料、废渣物等。其中最大处理污染物是牛粪尿和冲洗水。在牛场污染物处理中应考虑减量化、无害化、循环利用的方式进行。

对牛场粪污无害化处理工艺目前主要采取干湿分离技

术处理，牛粪固形物部分采用分别收集减少冲洗用水，收集的牛粪物实施固液分离、固形物接种微生物发酵，液体部分通过沼气池自然发酵，污水处理五日后、经过曝氧、沉淀、过滤后排放或利用。此处理工艺可实现生化需氧量低于 150mg/L，化学需氧量低于 400mg/L，悬浮物低于 200mg/L，氨氮低于 80mg/L，总磷低于 8mg/L，粪大肠杆菌数小于 1 000 个/100ml，蛔虫卵低于 2 个/L，符合《畜禽养殖业污染物排放标准》（GB18596）要求。

（二）环保措施与综合利用

1. 自然模式

根据目前国内外对牛场粪便处理模式，如有足够的种植土地消纳，牛粪自然发酵还田方式是最简单实用的工艺。

2. 机械处理模式

由于我国南方土地面积有限，大多数牛场产生的牛粪尿不可能实现前种方式处理。牛粪尿收集固液分离处理技术就成为有效可行的技术模式。这种模式为引入牛粪尿固液分离机分离技术。牛粪尿固液分离机国内很多地方都有生产。工艺流程：规模牧场采用粪便分类收集，机械或人工清运，污水通过牛场污道系统，进入粪尿收集池，收集牛粪进行干湿分离。分离出来的牛粪固形物含水量 30% ~ 35%，适当的堆积发酵、干化场风干可作锅炉燃料或牛床垫料，亦可装袋作为肥料运输或作生产食用菌的基料，液体可建设沼气池发酵生产再生能源，沼液通过曝氧沟、沉淀池、盲沟过滤，清水排放浇地或作冲洗粪尿沟用水。

3. 有机肥生产技术

牛场牛粪作有机肥生产流程：

清理生牛粪—搅拌（除臭脱水）—打堆发酵（一个月）—

配方、粉碎、过筛—装包—成品。

4. 生物处理技术

牛粪和沼气沉淀物养殖蚯蚓生物技术。牛场建设和蚯蚓养殖场建设结合，牛粪污和沼气沉淀物用于养殖红蚯蚓。一亩蚯蚓田一年可处理牛粪污80～300t，牛粪养殖生产的红蚯蚓由生物技术公司用作蚯蚓产业开发，生产多种药物和食物、蚯蚓氨基酸螯合肥；蚯蚓粪土作花卉果树苗木和周围农田种植业有机肥料；牛场冲洗水进入沼气池发酵，沼气作为能源，沼液过滤处理后作冲洗用水或草场、农田作物灌溉用水，形成牛粪污的生物生态治理良性循环。

5. 牛场牛粪、污水处理循环工艺

牛场排水包括生产、生活污水和直排废水两部分，养殖场区内排水实行雨污分流，污水经污水处理站处理达标后与直排废水汇合排放。

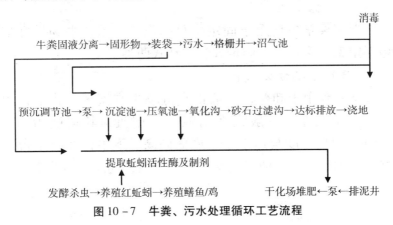

图10-7　牛粪、污水处理循环工艺流程

经过图10-7工艺处理的污水能达到国家（GB5084-92）二类标准。

表10-2列出了污水处理站进水水质与出水水质的对比

情况。

表 10 - 2　污水处理站进水水质及出水水质

| 名称 | CODcr（mg/L） | BOD5（mg/L） | SS（mg/L） | 色度 | pH 值 |
|---|---|---|---|---|---|
| 进水水质 | 500 | 300 | 500 | 100 | 7 ~ 8 |
| 出水水质 | < 300 | < 150 | < 200 | < 50 | 6 ~ 9 |
| 去除率（%） | > 40 | > 50 | > 60 | > 50 | |

### 七、生产辅助设备

（一）电子秤

肉牛场电子秤分为两种类型。一是用于称精粗饲料原料、活牛等大宗物资的电子衡器，一般 30 ~ 50t，安装位置主要在精粗饲料进出口和活牛出栏口位置；二是个体秤，主要用于活牛个体称重，一般设在牛舍生产区。

（二）保定架

保定架是牛场用于固定牛只的设施，繁育牛场最好配备保定架。保定架有固定式和移动式两种类型。

（三）下牛台及装牛台

下牛台用于卸牛，一般设在进场牛观察区。装牛台用于出栏牛装车，一般设在出栏牛舍附近，其宽度为 2 ~ 2.3m，出口高度与运牛车厢底面同高。下牛台及装牛台最好连着调牛通道，便于赶牛，减少应激，提高劳动效率。

## 第四节　养殖环境控制

### 一、肉牛生产适宜条件

（1）温度：在所有环境条件中，气温对牛的机体影响最大。肉牛最适宜的生产温度是 10 ~ 15℃。冬季牛舍温度应维持在 5℃以上，夏季温度应控制在 25℃以内。

（2）湿度：肉牛舍相对湿度以 50% ~ 70% 为宜，最高应不超过 75%。高湿环境会促进各类病原微生物及各种寄生虫的繁殖生长，使肉牛患病率上升。

（3）光照：适当的光照，有利于肉牛的健康。阳光中的紫外线可以促进牛体对钙的吸收，同时还具有强力杀菌作用。冬季牛体受日光照射有利于防寒，但夏季应注意采取遮阴措施，以防中暑。生产上肉牛舍的采光系数（牛舍窗户的有效采光面积∶舍内地面面积）以 1∶16 左右为宜。

（4）气流：肉牛舍内保持一定的气流速度，有利于舍内空气温度、湿度、化学组成一致，以便污浊空气排出。要求引入舍内的空气要均匀地散布到牛舍的各个部位，防止强弱不均和出现死角，要避免直接吹向牛体。严禁出现"贼风"（从小缝隙进来的温度低而速度快的气流），它容易使牛体局部受冷刺激，不能产生相应的反应和必要的调节，往往引起关节炎、神经炎、冻伤、感冒甚至肺炎、瘫痪等。一般而言，冬季牛体周围气流速度以 0.1 ~ 0.2m/s 为宜，最高不超过 0.25m/s，夏季可适当增加到 0.3m/s 以上，以帮助牛体散热。

**二、肉牛生产主要污染源**

肉牛场除集中产生大量的粪尿污水等废弃物外，还会产生大量的微粒、微生物、有害气体、臭气、噪声，同时还会滋生蚊蝇、老鼠等。必须通过无害化处理等手段解决污染问题，而为减少其他方面的污染，通常采取以下对应措施。

（1）牛舍空气中微粒的控制：按照粒径大小分为尘、烟、雾三种。在牛舍及其附近，由于分发饲料、清扫地面、刷拭牛体、饲料加工等，会使舍内空气微粒含量增多。可通过种草种树、在饲料加工场所设防尘设施、采用颗粒饲料、加强通风等，尽量减少牛场微粒产生量。

（2）牛舍空气中病原微生物的控制：当牛舍空气中含有病原微生物时，就可随着飞沫和尘埃两种不同的微粒进行传播。为了预防空气传染，除了严格控制微粒产生外，还应建立严格的检疫、消毒和病畜隔离制度，必要时进行空气的过滤和消毒制度。

（3）牛舍中有害气体的控制：牛舍内最常见和危害较大的有害气体是氨气、硫化氢、二氧化碳。即使空气中有害气体含量很低，也会使牛的体质变弱，生产力下降。合理规划养殖场的排水系统，优化粪尿及污水处理，及时清理舍内粪尿，保持舍内干燥，加强通风换气，采用环保日粮减少氮磷排泄量等，均是减少有害气体产生的有效手段。

（4）蚊蝇控制：养牛场容易滋生蚊蝇等有害昆虫，骚扰人畜，传播疾病，也污染环境。对蚊蝇的防治应采取综合措施：

搞好牛场环境卫生，保持环境清洁、干燥，这是防治蚊蝇的关键。及时清除并处理粪便、污水；贮粪池应加盖并保持四周环境的清洁；填平无用的污水池、水沟、洼地等容易滋生蚊蝇的场所；对贮水池等容器加盖，以防蚊蝇飞入产卵。

驱杀蚊蝇可采用化学防治，即用化学药品（杀虫剂）；也可通过物理防治，即用光、电、声等方法捕杀、诱杀或驱逐蚊蝇。我国生产的电气灭蝇灯，已在生产中得到了很好地推广应用。此外，还有可以发出声波或超声波并能将蚊蝇驱逐的电子驱蚊器，都具有良好的防治效果。

### 三、肉牛养殖场绿化

牛场适当绿化，不仅可以优化环境，遮阳防风，调节小气候，而且可以防止污染，保护环境。

牛场的绿化应统一规划布局，因地制宜植树造林、栽花种草。在场界周边要种植乔木和灌木混合林带；在生产区、生活区及管理区四周栽种杨树、榆树等，其两侧再种植灌木，可起到隔离作用；道路两边宜种植冬青、桂花树等四季常青树种，并配置花草类；运动场周边的遮阳林，可选择槐树、法国梧桐等树叶开阔、冬季落叶后枝条稀少的树种。

### 四、夏季防暑

修建保温隔热牛舍，是炎热地区防暑的根本途径，也是养牛生产现代化的重要标志。

（1）牛舍外围防护结构的隔热设计：包括屋顶隔热和墙壁隔热。墙壁隔热主要针对太阳强烈直晒的墙面，处理方式按照屋顶的隔热设计进行处理。屋顶隔热设计主要采取下列措施。

选用导热系数小的材料；确定合理结构，选择多种材料修建多层结构屋顶；充分利用空气的隔热性能，修建通风屋顶，即将屋顶做成两层，间层中的空气可以流动。间层的适宜高度：坡屋顶可取 12~20cm；平屋顶可取 20cm 左右。冬季严寒地区不宜采用通风屋顶，因其冬季会促使屋顶散热不利于保温。

（2）舍内的通风设计：通风是牛舍防暑降温措施的重

要组成部分，在自然通风牛舍建筑中应设置地窗、天窗、通风屋脊、屋顶风管等。在冬冷夏热地区，宜采用屋顶风管，管内设翻板调节阀，以便冬季控制风量或关闭风管。地窗应做成保温窗，冬季关严以利于防寒。

（3）遮阳与绿化：可以通过在日射窗口设置挡板或防晒网遮阳，还可以通过加宽牛舍挑檐、挂竹帘、搭凉棚以及种草种树和搭架种植攀缘植物等，这都是生产中简便易行、经济实用的遮阳方法。尤其是种植杨树等高大落叶树木，对于创造夏季凉爽适宜的小气候环境有良好的效果。

（4）供应凉水：给牛提供地下水，自由饮用。

（5）炎热时节，积极采取降温措施：如喷雾降温、喷淋降温，安装风扇加强通风等。

**五、冬季防寒**

与炎热地区夏季防暑一样，修建保温隔热牛舍同样是寒冷地区冬季防寒保暖的重要措施，其设计要求基本相同。另外，还应铺设保温地面；适当降低牛舍净高；在外门加门斗；设双层窗或临时加塑料薄膜、窗帘等。采取一切措施防止舍内潮湿是间接保温的有效方法。在设计、修建牛舍时，应在保温地面下铺油毡或沥青防潮，在日常管理中注意及时清除粪尿、污水，尽量减少舍内水汽产生。

提供肉牛温暖的饮水，也是冬季防寒的一项重要措施。

# 附表

## 附表1　生长母牛营养需要

| 体重<br>（kg） | 日增重<br>（g） | 干物质<br>（kg） | 肉牛能量<br>单位（RND） | 综合净能<br>（MJ） | 粗蛋白<br>质（g） | 钙<br>（g） | 磷<br>（g） |
|---|---|---|---|---|---|---|---|
| | 0 | 2.66 | 1.46 | 11.76 | 236 | 5 | 5 |
| | 0.3 | 3.29 | 1.90 | 15.31 | 377 | 13 | 8 |
| | 0.4 | 3.49 | 2.00 | 16.15 | 421 | 16 | 9 |
| | 0.5 | 3.70 | 2.11 | 17.07 | 465 | 19 | 10 |
| 150 | 0.6 | 3.91 | 2.24 | 18.07 | 507 | 22 | 11 |
| | 0.7 | 4.12 | 2.36 | 19.08 | 548 | 25 | 11 |
| | 0.8 | 4.33 | 2.52 | 20.33 | 589 | 28 | 12 |
| | 0.9 | 4.54 | 2.69 | 21.76 | 627 | 31 | 13 |
| | 1.0 | 4.75 | 2.91 | 23.47 | 665 | 34 | 14 |
| | 0 | 2.98 | 1.63 | 13.18 | 265 | 6 | 6 |
| | 0.3 | 3.63 | 2.12 | 17.15 | 403 | 14 | 8 |
| | 0.4 | 3.85 | 2.24 | 18.07 | 447 | 17 | 9 |
| | 0.5 | 4.07 | 2.37 | 19.12 | 489 | 19 | 10 |
| 175 | 0.6 | 4.29 | 2.50 | 20.21 | 530 | 22 | 11 |
| | 0.7 | 4.51 | 2.64 | 21.34 | 571 | 25 | 12 |
| | 0.8 | 4.72 | 2.81 | 22.72 | 609 | 28 | 13 |
| | 0.9 | 4.94 | 3.01 | 24.31 | 650 | 30 | 14 |
| | 1.0 | 5.16 | 3.24 | 26.19 | 686 | 33 | 15 |
| | 0 | 3.30 | 1.80 | 14.56 | 293 | 7 | 7 |
| | 0.3 | 3.98 | 2.34 | 18.92 | 428 | 14 | 9 |
| | 0.4 | 4.21 | 2.47 | 19.46 | 472 | 17 | 10 |
| | 0.5 | 4.44 | 2.61 | 21.09 | 514 | 20 | 11 |
| 200 | 0.6 | 4.66 | 2.76 | 22.30 | 555 | 22 | 12 |
| | 0.7 | 4.89 | 2.92 | 23.43 | 593 | 25 | 13 |
| | 0.8 | 5.12 | 3.10 | 25.06 | 631 | 28 | 14 |
| | 0.9 | 5.34 | 3.32 | 26.78 | 669 | 30 | 14 |
| | 1.0 | 5.57 | 3.58 | 28.87 | 708 | 33 | 15 |

续表

| 体重<br>（kg） | 日增重<br>（g） | 干物质<br>（kg） | 肉牛能量<br>单位（RND） | 综合净能<br>（MJ） | 粗蛋白<br>质（g） | 钙<br>（g） | 磷<br>（g） |
|---|---|---|---|---|---|---|---|
| | 0 | 3.60 | 1.87 | 15.10 | 320 | 7 | 7 |
| | 0.3 | 4.31 | 2.60 | 20.71 | 452 | 15 | 10 |
| | 0.4 | 4.55 | 2.74 | 21.76 | 494 | 17 | 11 |
| | 0.5 | 4.78 | 2.89 | 22.89 | 535 | 20 | 12 |
| 225 | 0.6 | 5.02 | 3.06 | 24.10 | 576 | 23 | 12 |
| | 0.7 | 5.26 | 3.22 | 25.36 | 614 | 25 | 13 |
| | 0.8 | 5.49 | 3.44 | 26.90 | 652 | 28 | 14 |
| | 0.9 | 5.73 | 3.67 | 29.62 | 691 | 30 | 15 |
| | 1.0 | 5.96 | 3.95 | 31.92 | 726 | 33 | 16 |
| | 0 | 3.90 | 2.20 | 17.78 | 346 | 8 | 8 |
| | 0.3 | 4.64 | 2.84 | 22.97 | 475 | 15 | 11 |
| | 0.4 | 4.88 | 3.00 | 24.23 | 517 | 18 | 11 |
| | 0.5 | 5.13 | 3.17 | 25.01 | 558 | 20 | 12 |
| 250 | 0.6 | 5.37 | 3.35 | 27.03 | 599 | 23 | 13 |
| | 0.7 | 5.62 | 3.53 | 28.53 | 637 | 25 | 14 |
| | 0.8 | 5.87 | 3.76 | 30.38 | 672 | 28 | 15 |
| | 0.9 | 6.11 | 4.02 | 32.47 | 711 | 30 | 15 |
| | 1.0 | 6.36 | 4.33 | 34.98 | 746 | 33 | 17 |
| | 0 | 4.19 | 2.40 | 19.37 | 372 | 9 | 9 |
| | 0.3 | 4.96 | 3.10 | 25.06 | 501 | 16 | 11 |
| | 0.4 | 5.21 | 3.27 | 26.40 | 543 | 18 | 12 |
| | 0.5 | 5.47 | 3.45 | 27.87 | 581 | 21 | 13 |
| 275 | 0.6 | 5.72 | 3.65 | 29.46 | 619 | 23 | 14 |
| | 0.7 | 5.98 | 3.85 | 31.09 | 657 | 25 | 14 |
| | 0.8 | 6.23 | 4.10 | 33.10 | 696 | 28 | 15 |
| | 0.9 | 6.49 | 4.38 | 35.35 | 731 | 30 | 16 |
| | 1.0 | 6.74 | 4.72 | 38.07 | 766 | 32 | 17 |

续表

| 体重<br>（kg） | 日增重<br>（g） | 干物质<br>（kg） | 肉牛能量<br>单位（RND） | 综合净能<br>（MJ） | 粗蛋白<br>质（g） | 钙<br>（g） | 磷<br>（g） |
|---|---|---|---|---|---|---|---|
| | 0 | 4.47 | 2.60 | 21.00 | 397 | 10 | 10 |
| | 0.3 | 5.26 | 3.35 | 27.07 | 523 | 16 | 12 |
| | 0.4 | 5.53 | 3.54 | 28.58 | 565 | 18 | 13 |
| | 0.5 | 5.79 | 3.74 | 30.17 | 603 | 21 | 14 |
| 300 | 0.6 | 6.06 | 3.95 | 31.88 | 641 | 23 | 14 |
| | 0.7 | 6.32 | 4.17 | 33.64 | 679 | 25 | 15 |
| | 0.8 | 6.58 | 4.44 | 35.82 | 715 | 28 | 16 |
| | 0.9 | 6.85 | 4.74 | 38.24 | 750 | 30 | 17 |
| | 1.0 | 7.11 | 5.10 | 41.17 | 785 | 32 | 17 |
| | 0 | 4.75 | 2.78 | 22.43 | 421 | 11 | 11 |
| | 0.3 | 5.57 | 3.59 | 28.95 | 547 | 17 | 13 |
| | 0.4 | 5.84 | 3.78 | 30.54 | 586 | 19 | 14 |
| | 0.5 | 6.12 | 3.99 | 32.22 | 624 | 21 | 14 |
| 325 | 0.6 | 6.39 | 4.22 | 34.06 | 662 | 23 | 15 |
| | 0.7 | 6.66 | 4.46 | 35.98 | 700 | 25 | 16 |
| | 0.8 | 6.94 | 4.74 | 38.28 | 736 | 28 | 16 |
| | 0.9 | 7.21 | 5.06 | 40.88 | 771 | 30 | 17 |
| | 1.0 | 7.49 | 5.45 | 44.02 | 803 | 32 | 18 |
| | 0 | 5.02 | 2.95 | 23.85 | 445 | 12 | 12 |
| | 0.3 | 5.87 | 3.81 | 30.75 | 569 | 17 | 14 |
| | 0.4 | 6.15 | 4.02 | 32.47 | 607 | 19 | 14 |
| | 0.5 | 6.43 | 4.24 | 34.27 | 645 | 21 | 15 |
| 350 | 0.6 | 6.72 | 4.49 | 36.23 | 683 | 23 | 16 |
| | 0.7 | 7.00 | 4.74 | 38.24 | 719 | 25 | 16 |
| | 0.8 | 7.28 | 5.04 | 40.71 | 757 | 28 | 17 |
| | 0.9 | 7.57 | 5.38 | 43.47 | 789 | 30 | 18 |
| | 1.0 | 7.85 | 5.80 | 46.82 | 824 | 32 | 18 |

续表

| 体重<br>（kg） | 日增重<br>（g） | 干物质<br>（kg） | 肉牛能量<br>单位（RND） | 综合净能<br>（MJ） | 粗蛋白<br>质（g） | 钙<br>（g） | 磷<br>（g） |
|---|---|---|---|---|---|---|---|
| | 0 | 5.28 | 3.13 | 25.27 | 469 | 12 | 12 |
| | 0.3 | 6.16 | 4.04 | 32.59 | 593 | 18 | 14 |
| | 0.4 | 6.45 | 4.26 | 34.39 | 631 | 20 | 15 |
| | 0.5 | 6.74 | 4.50 | 36.32 | 669 | 22 | 16 |
| 375 | 0.6 | 7.03 | 4.76 | 38.41 | 704 | 24 | 17 |
| | 0.7 | 7.32 | 5.03 | 40.58 | 743 | 26 | 17 |
| | 0.8 | 7.62 | 5.35 | 43.18 | 778 | 28 | 18 |
| | 0.9 | 7.91 | 5.71 | 46.11 | 810 | 30 | 19 |
| | 1.0 | 8.20 | 6.15 | 49.66 | 845 | 32 | 19 |
| | 0 | 5.55 | 3.31 | 26.74 | 492 | 13 | 13 |
| | 0.3 | 6.45 | 4.26 | 34.43 | 613 | 18 | 15 |
| | 0.4 | 6.76 | 4.50 | 36.36 | 651 | 20 | 16 |
| | 0.5 | 7.06 | 4.76 | 38.41 | 689 | 22 | 16 |
| 400 | 0.6 | 7.36 | 5.03 | 40.58 | 727 | 24 | 17 |
| | 0.7 | 7.66 | 5.31 | 42.89 | 763 | 26 | 17 |
| | 0.8 | 7.96 | 5.65 | 45.65 | 798 | 28 | 18 |
| | 0.9 | 8.26 | 6.04 | 48.74 | 830 | 29 | 19 |
| | 1.0 | 8.56 | 6.50 | 52.51 | 866 | 31 | 19 |

## 附表 2　妊娠后期母牛的营养需要

| 体重<br>（kg） | 妊娠<br>月份 | 干物质<br>（kg） | 肉牛能量<br>单位（RND） | 综合净能<br>（MJ） | 粗蛋白<br>质（g） | 钙<br>（g） | 磷<br>（g） |
|---|---|---|---|---|---|---|---|
| | 6 | 6.32 | 2.80 | 22.60 | 409 | 14 | 12 |
| | 7 | 6.43 | 3.11 | 25.12 | 477 | 16 | 12 |
| 300 | 8 | 6.60 | 3.50 | 28.26 | 587 | 18 | 13 |
| | 9 | 6.77 | 3.97 | 32.05 | 735 | 20 | 13 |

续表

| 体重（kg） | 妊娠月份 | 干物质（kg） | 肉牛能量单位（RND） | 综合净能（MJ） | 粗蛋白质（g） | 钙（g） | 磷（g） |
|---|---|---|---|---|---|---|---|
| 350 | 6 | 6.86 | 3.12 | 25.19 | 449 | 16 | 13 |
| | 7 | 6.98 | 3.45 | 27.87 | 517 | 18 | 14 |
| | 8 | 7.15 | 3.87 | 31.24 | 617 | 20 | 15 |
| | 9 | 7.32 | 4.37 | 35.30 | 775 | 22 | 16 |
| 400 | 6 | 7.39 | 3.43 | 27.69 | 488 | 18 | 15 |
| | 7 | 7.51 | 3.78 | 30.56 | 556 | 20 | 16 |
| | 8 | 7.68 | 4.23 | 34.13 | 666 | 22 | 16 |
| | 9 | 7.84 | 4.76 | 38.47 | 814 | 24 | 17 |
| 450 | 6 | 7.90 | 3.73 | 30.12 | 526 | 20 | 17 |
| | 7 | 8.02 | 4.11 | 33.15 | 594 | 22 | 18 |
| | 8 | 8.19 | 4.58 | 36.99 | 704 | 24 | 18 |
| | 9 | 8.36 | 5.15 | 41.58 | 852 | 27 | 19 |
| 500 | 6 | 8.40 | 4.03 | 32.51 | 563 | 22 | 19 |
| | 7 | 8.52 | 4.42 | 35.72 | 631 | 24 | 19 |
| | 8 | 8.69 | 4.92 | 39.76 | 741 | 26 | 20 |
| | 9 | 8.86 | 5.53 | 44.62 | 889 | 29 | 21 |
| 550 | 6 | 8.89 | 4.31 | 34.83 | 599 | 24 | 20 |
| | 7 | 9.00 | 4.73 | 38.23 | 667 | 26 | 21 |
| | 8 | 9.17 | 5.26 | 42.47 | 777 | 29 | 22 |
| | 9 | 9.34 | 5.90 | 47.61 | 925 | 31 | 23 |

注：小肠可消化粗蛋白质的需要量可按表所列粗蛋白质的 55% 进行计算。

## 附表3　哺乳母牛的营养需要

| 体重（kg） | 干物质（kg） | 肉牛能量单位（RND） | 综合净能（MJ） | 粗蛋白质（g） | 钙（g） | 磷（g） |
|---|---|---|---|---|---|---|
| 300 | 4.47 | 2.36 | 19.04 | 332 | 10 | 10 |
| 350 | 5.02 | 2.65 | 21.38 | 372 | 12 | 12 |
| 400 | 5.55 | 2.93 | 23.64 | 411 | 13 | 13 |
| 450 | 6.06 | 3.2 | 25.82 | 449 | 15 | 15 |
| 500 | 6.56 | 3.46 | 27.91 | 486 | 16 | 16 |
| 550 | 7.04 | 3.72 | 30.04 | 522 | 18 | 18 |

## 附表4 生长育肥牛的营养需要

| 体重（kg） | 日增重（g） | 干物质（kg） | 肉牛能量单位（RND） | 综合净能（MJ） | 粗蛋白质（g） | 钙（g） | 磷（g） |
|---|---|---|---|---|---|---|---|
| | 0 | 2.66 | 1.46 | 11.76 | 236 | 5 | 5 |
| | 0.3 | 3.29 | 1.87 | 15.10 | 377 | 14 | 8 |
| | 0.4 | 3.49 | 1.97 | 15.90 | 421 | 17 | 9 |
| | 0.5 | 3.70 | 2.07 | 16.74 | 465 | 19 | 10 |
| | 0.6 | 3.91 | 2.19 | 17.66 | 507 | 22 | 11 |
| 150 | 0.7 | 4.12 | 2.30 | 18.58 | 548 | 25 | 12 |
| | 0.8 | 4.33 | 2.45 | 19.75 | 589 | 28 | 13 |
| | 0.9 | 4.54 | 2.61 | 21.05 | 627 | 31 | 14 |
| | 1.0 | 4.75 | 2.80 | 22.64 | 665 | 34 | 15 |
| | 1.1 | 4.95 | 3.02 | 24.35 | 704 | 37 | 16 |
| | 1.2 | 5.16 | 3.25 | 26.28 | 739 | 40 | 16 |
| | 0 | 2.98 | 1.63 | 13.18 | 265 | 6 | 6 |
| | 0.3 | 3.63 | 2.09 | 16.90 | 403 | 14 | 9 |
| | 0.4 | 3.85 | 2.20 | 17.78 | 447 | 17 | 9 |
| | 0.5 | 4.07 | 2.32 | 18.70 | 489 | 20 | 10 |
| | 0.6 | 4.29 | 2.44 | 19.71 | 530 | 23 | 11 |
| 175 | 0.7 | 4.51 | 2.57 | 20.75 | 571 | 26 | 12 |
| | 0.8 | 4.72 | 2.79 | 22.05 | 609 | 28 | 13 |
| | 0.9 | 4.94 | 2.91 | 23.47 | 650 | 31 | 14 |
| | 1.0 | 5.16 | 3.12 | 25.23 | 686 | 34 | 15 |
| | 1.1 | 5.38 | 3.37 | 27.20 | 724 | 37 | 16 |
| | 1.2 | 5.59 | 3.63 | 29.29 | 759 | 40 | 17 |

续表

| 体重<br>（kg） | 日增重<br>（g） | 干物质<br>（kg） | 肉牛能量<br>单位（RND） | 综合净能<br>（MJ） | 粗蛋白<br>质（g） | 钙<br>（g） | 磷<br>（g） |
|---|---|---|---|---|---|---|---|
| | 0 | 3.30 | 1.80 | 14.56 | 293 | 7 | 7 |
| | 0.3 | 3.98 | 2.32 | 18.70 | 428 | 15 | 9 |
| | 0.4 | 4.21 | 2.43 | 19.62 | 472 | 17 | 10 |
| | 0.5 | 4.44 | 2.56 | 20.67 | 514 | 20 | 11 |
| | 0.6 | 4.66 | 2.69 | 21.76 | 555 | 23 | 12 |
| 200 | 0.7 | 4.89 | 2.83 | 22.47 | 593 | 26 | 13 |
| | 0.8 | 5.12 | 3.01 | 24.31 | 631 | 29 | 14 |
| | 0.9 | 5.34 | 3.21 | 25.90 | 669 | 31 | 15 |
| | 1.0 | 5.57 | 3.45 | 27.82 | 708 | 34 | 16 |
| | 1.1 | 5.80 | 3.71 | 29.96 | 743 | 37 | 17 |
| | 1.2 | 6.03 | 4.00 | 32.30 | 778 | 40 | 17 |
| | 0 | 3.60 | 1.87 | 15.10 | 320 | 7 | 7 |
| | 0.3 | 4.31 | 2.56 | 20.71 | 452 | 15 | 10 |
| | 0.4 | 4.55 | 2.69 | 21.76 | 494 | 18 | 11 |
| | 0.5 | 4.78 | 2.83 | 22.89 | 535 | 20 | 12 |
| | 0.6 | 5.02 | 2.98 | 24.10 | 576 | 23 | 13 |
| 225 | 0.7 | 5.26 | 3.14 | 25.36 | 614 | 26 | 14 |
| | 0.8 | 5.49 | 3.33 | 26.90 | 652 | 29 | 14 |
| | 0.9 | 5.73 | 3.55 | 28.66 | 691 | 31 | 15 |
| | 1.0 | 5.96 | 3.81 | 30.79 | 726 | 34 | 16 |
| | 1.1 | 6.20 | 4.10 | 33.10 | 761 | 37 | 17 |
| | 1.2 | 6.44 | 4.42 | 35.69 | 796 | 39 | 18 |

续表

| 体重<br>（kg） | 日增重<br>（g） | 干物质<br>（kg） | 肉牛能量<br>单位（RND） | 综合净能<br>（MJ） | 粗蛋白<br>质（g） | 钙<br>（g） | 磷<br>（g） |
|---|---|---|---|---|---|---|---|
| | 0 | 3.90 | 2.20 | 17.78 | 346 | 8 | 8 |
| | 0.3 | 4.64 | 2.81 | 22.72 | 475 | 16 | 11 |
| | 0.4 | 4.88 | 2.95 | 23.85 | 517 | 18 | 12 |
| | 0.5 | 5.13 | 3.11 | 25.10 | 558 | 21 | 12 |
| | 0.6 | 5.37 | 3.27 | 26.44 | 599 | 23 | 13 |
| 250 | 0.7 | 5.62 | 3.45 | 27.82 | 637 | 26 | 14 |
| | 0.8 | 5.87 | 3.65 | 29.50 | 672 | 29 | 15 |
| | 0.9 | 6.11 | 3.89 | 31.38 | 711 | 31 | 16 |
| | 1.0 | 6.36 | 4.18 | 33.72 | 746 | 34 | 17 |
| | 1.1 | 6.60 | 4.49 | 36.28 | 781 | 36 | 18 |
| | 1.2 | 6.85 | 4.84 | 39.08 | 814 | 39 | 18 |
| | 0 | 4.19 | 2.40 | 19.37 | 372 | 9 | 9 |
| | 0.3 | 4.96 | 3.07 | 24.77 | 501 | 16 | 12 |
| | 0.4 | 5.21 | 3.22 | 25.98 | 543 | 19 | 12 |
| | 0.5 | 5.47 | 3.39 | 27.36 | 581 | 21 | 13 |
| | 0.6 | 5.72 | 3.57 | 28.79 | 619 | 24 | 14 |
| 275 | 0.7 | 5.98 | 3.75 | 30.29 | 657 | 26 | 15 |
| | 0.8 | 6.23 | 3.98 | 32.13 | 696 | 29 | 16 |
| | 0.9 | 6.49 | 4.23 | 34.18 | 731 | 31 | 16 |
| | 1.0 | 6.74 | 4.55 | 36.74 | 766 | 34 | 17 |
| | 1.1 | 7.00 | 4.89 | 39.50 | 798 | 36 | 18 |
| | 1.2 | 7.25 | 5.60 | 42.51 | 834 | 39 | 19 |

续表

| 体重<br>（kg） | 日增重<br>（g） | 干物质<br>（kg） | 肉牛能量<br>单位（RND） | 综合净能<br>（MJ） | 粗蛋白<br>质（g） | 钙<br>（g） | 磷<br>（g） |
|---|---|---|---|---|---|---|---|
| | 0 | 4.47 | 2.60 | 21.00 | 397 | 10 | 10 |
| | 0.3 | 5.26 | 3.32 | 26.78 | 523 | 17 | 12 |
| | 0.4 | 5.53 | 3.48 | 28.12 | 565 | 19 | 13 |
| | 0.5 | 5.79 | 3.66 | 29.58 | 603 | 21 | 14 |
| | 0.6 | 6.06 | 3.86 | 31.13 | 641 | 24 | 15 |
| 300 | 0.7 | 6.32 | 4.06 | 32.76 | 679 | 26 | 15 |
| | 0.8 | 6.58 | 4.31 | 34.77 | 715 | 29 | 16 |
| | 0.9 | 6.85 | 4.58 | 36.99 | 750 | 31 | 17 |
| | 1.0 | 7.11 | 4.92 | 39.71 | 785 | 34 | 18 |
| | 1.1 | 7.38 | 5.29 | 42.68 | 818 | 36 | 19 |
| | 1.2 | 7.64 | 5.69 | 45.98 | 850 | 38 | 19 |
| | 0 | 4.75 | 2.78 | 22.43 | 421 | 11 | 11 |
| | 0.3 | 5.57 | 3.54 | 28.58 | 547 | 17 | 13 |
| | 0.4 | 5.84 | 3.72 | 30.04 | 586 | 19 | 14 |
| | 0.5 | 6.12 | 3.91 | 31.59 | 624 | 22 | 14 |
| | 0.6 | 6.39 | 4.12 | 33.26 | 662 | 24 | 15 |
| 325 | 0.7 | 6.66 | 4.36 | 35.02 | 700 | 26 | 16 |
| | 0.8 | 6.94 | 4.60 | 37.15 | 736 | 29 | 17 |
| | 0.9 | 7.21 | 4.90 | 39.54 | 771 | 31 | 18 |
| | 1.0 | 7.49 | 5.25 | 42.43 | 803 | 33 | 18 |
| | 1.1 | 7.76 | 5.65 | 45.61 | 839 | 36 | 19 |
| | 1.2 | 8.03 | 6.08 | 49.12 | 868 | 38 | 20 |

续表

| 体重（kg） | 日增重（g） | 干物质（kg） | 肉牛能量单位（RND） | 综合净能（MJ） | 粗蛋白质（g） | 钙（g） | 磷（g） |
|---|---|---|---|---|---|---|---|
| | 0 | 5.02 | 2.95 | 23.85 | 445 | 12 | 12 |
| | 0.3 | 5.87 | 3.76 | 30.38 | 569 | 18 | 14 |
| | 0.4 | 6.15 | 3.95 | 31.92 | 607 | 20 | 14 |
| | 0.5 | 6.43 | 4.16 | 33.60 | 645 | 22 | 15 |
| | 0.6 | 6.72 | 4.38 | 35.40 | 683 | 24 | 16 |
| 350 | 0.7 | 7.00 | 4.61 | 37.24 | 719 | 27 | 17 |
| | 0.8 | 7.28 | 4.89 | 39.50 | 757 | 29 | 17 |
| | 0.9 | 7.57 | 5.21 | 42.05 | 789 | 31 | 18 |
| | 1.0 | 7.85 | 5.59 | 45.15 | 824 | 33 | 19 |
| | 1.1 | 8.13 | 6.01 | 18.53 | 857 | 36 | 20 |
| | 1.2 | 8.41 | 6.47 | 52.26 | 889 | 38 | 20 |
| | 0 | 5.28 | 3.13 | 25.27 | 469 | 12 | 12 |
| | 0.3 | 6.16 | 3.99 | 32.22 | 593 | 18 | 14 |
| | 0.4 | 6.45 | 4.19 | 33.85 | 631 | 20 | 15 |
| | 0.5 | 6.74 | 4.41 | 35.61 | 669 | 22 | 16 |
| | 0.6 | 7.03 | 4.65 | 37.53 | 704 | 25 | 17 |
| 375 | 0.7 | 7.32 | 4.89 | 39.50 | 743 | 27 | 17 |
| | 0.8 | 7.62 | 5.19 | 41.88 | 778 | 29 | 18 |
| | 0.9 | 7.91 | 5.52 | 44.60 | 810 | 31 | 19 |
| | 1.0 | 8.20 | 5.93 | 47.87 | 845 | 33 | 19 |
| | 1.1 | 8.49 | 6.26 | 50.54 | 878 | 35 | 20 |
| | 1.2 | 8.79 | 6.75 | 54.48 | 907 | 38 | 20 |

续表

| 体重<br>（kg） | 日增重<br>（g） | 干物质<br>（kg） | 肉牛能量<br>单位（RND） | 综合净能<br>（MJ） | 粗蛋白<br>质（g） | 钙<br>（g） | 磷<br>（g） |
|---|---|---|---|---|---|---|---|
| 400 | 0 | 5.55 | 3.31 | 26.74 | 492 | 13 | 13 |
| | 0.3 | 6.45 | 4.22 | 34.06 | 613 | 19 | 15 |
| | 0.4 | 6.76 | 4.43 | 35.77 | 651 | 21 | 16 |
| | 0.5 | 7.06 | 4.66 | 37.66 | 689 | 23 | 17 |
| | 0.6 | 7.36 | 4.91 | 39.66 | 727 | 25 | 17 |
| | 0.7 | 7.66 | 5.17 | 41.76 | 763 | 27 | 18 |
| | 0.8 | 7.96 | 5.49 | 44.31 | 798 | 29 | 19 |
| | 0.9 | 8.26 | 5.64 | 47.15 | 830 | 31 | 19 |
| | 1.0 | 8.56 | 6.27 | 50.63 | 866 | 33 | 20 |
| | 1.1 | 8.87 | 6.74 | 54.43 | 895 | 35 | 21 |
| | 1.2 | 9.17 | 7.26 | 58.66 | 927 | 37 | 21 |
| 425 | 0 | 5.80 | 3.48 | 28.08 | 515 | 14 | 14 |
| | 0.3 | 6.73 | 4.43 | 35.77 | 636 | 19 | 16 |
| | 0.4 | 7.04 | 4.65 | 37.57 | 674 | 21 | 17 |
| | 0.5 | 7.35 | 4.90 | 39.54 | 712 | 23 | 17 |
| | 0.6 | 7.66 | 5.16 | 41.67 | 747 | 25 | 18 |
| | 0.7 | 7.97 | 5.44 | 43.89 | 783 | 27 | 18 |
| | 0.8 | 8.29 | 5.77 | 46.57 | 818 | 29 | 19 |
| | 0.9 | 8.60 | 6.14 | 49.58 | 850 | 31 | 20 |
| | 1.0 | 8.91 | 6.59 | 53.22 | 886 | 33 | 20 |
| | 1.1 | 9.22 | 7.09 | 57.24 | 918 | 35 | 21 |
| | 1.2 | 9.53 | 7.64 | 61.67 | 947 | 37 | 22 |

续表

| 体重<br>(kg) | 日增重<br>(g) | 干物质<br>(kg) | 肉牛能量<br>单位（RND） | 综合净能<br>(MJ) | 粗蛋白<br>质（g） | 钙<br>(g) | 磷<br>(g) |
|---|---|---|---|---|---|---|---|
| | 0 | 6.06 | 3.63 | 29.33 | 538 | 15 | 15 |
| | 0.3 | 7.02 | 4.63 | 37.41 | 659 | 20 | 17 |
| | 0.4 | 7.34 | 4.87 | 39.33 | 697 | 21 | 17 |
| | 0.5 | 7.66 | 5.12 | 41.38 | 732 | 23 | 18 |
| | 0.6 | 7.98 | 5.40 | 43.60 | 770 | 25 | 19 |
| 450 | 0.7 | 8.30 | 5.69 | 45.94 | 806 | 27 | 19 |
| | 0.8 | 8.62 | 6.03 | 48.74 | 841 | 29 | 20 |
| | 0.9 | 8.94 | 6.43 | 51.92 | 873 | 31 | 20 |
| | 1.0 | 9.26 | 6.90 | 55.77 | 906 | 33 | 21 |
| | 1.1 | 9.58 | 7.42 | 59.96 | 938 | 35 | 21 |
| | 1.2 | 9.90 | 8.00 | 64.40 | 967 | 37 | 22 |
| | 0 | 6.31 | 3.79 | 30.63 | 560 | 16 | 16 |
| | 0.3 | 7.30 | 4.84 | 39.08 | 681 | 20 | 17 |
| | 0.4 | 7.63 | 5.09 | 41.09 | 719 | 22 | 18 |
| | 0.5 | 7.96 | 5.35 | 43.26 | 754 | 24 | 19 |
| | 0.6 | 8.29 | 5.64 | 45.61 | 789 | 25 | 19 |
| 475 | 0.7 | 8.61 | 5.94 | 48.03 | 825 | 27 | 20 |
| | 0.8 | 8.94 | 6.31 | 51.00 | 860 | 29 | 20 |
| | 0.9 | 9.27 | 6.72 | 54.31 | 892 | 31 | 21 |
| | 1.0 | 9.60 | 7.22 | 58.32 | 928 | 33 | 21 |
| | 1.1 | 9.93 | 7.77 | 62.76 | 957 | 35 | 22 |
| | 1.2 | 10.26 | 8.37 | 67.61 | 989 | 36 | 23 |

续表

| 体重<br>（kg） | 日增重<br>（g） | 干物质<br>（kg） | 肉牛能量<br>单位（RND） | 综合净能<br>（MJ） | 粗蛋白<br>质（g） | 钙<br>（g） | 磷<br>（g） |
|---|---|---|---|---|---|---|---|
| | 0 | 6.56 | 3.95 | 31.92 | 582 | 16 | 16 |
| | 0.3 | 7.58 | 5.04 | 40.71 | 700 | 21 | 18 |
| | 0.4 | 7.91 | 5.30 | 42.84 | 738 | 22 | 19 |
| | 0.5 | 8.25 | 5.58 | 45.10 | 776 | 24 | 19 |
| | 0.6 | 8.59 | 5.88 | 47.53 | 811 | 26 | 20 |
| 500 | 0.7 | 8.93 | 6.20 | 50.08 | 847 | 27 | 20 |
| | 0.8 | 9.27 | 6.58 | 53.18 | 882 | 29 | 21 |
| | 0.9 | 9.61 | 7.01 | 56.65 | 912 | 31 | 21 |
| | 1.0 | 9.94 | 7.53 | 60.88 | 947 | 33 | 22 |
| | 1.1 | 10.28 | 8.10 | 65.48 | 970 | 34 | 23 |
| | 1.2 | 10.62 | 8.73 | 70.54 | 1011 | 36 | 23 |

## 附表 5 种公牛的营养需要

| 体重(kg) | 日粮干物质(kg) | 奶牛能量单位(NND) | 产奶净能(Mcal) | 产奶净能(MJ) | 可消化粗蛋白质(g) | 钙(g) | 磷(g) | 胡萝卜素(mg) | 维生素A(千单位) |
|---|---|---|---|---|---|---|---|---|---|
| 500 | 7.99 | 13.40 | 10.05 | 42.05 | 423 | 32 | 24 | 53 | 21 |
| 600 | 9.17 | 15.36 | 11.52 | 48.20 | 485 | 36 | 27 | 64 | 26 |
| 700 | 10.29 | 17.24 | 12.93 | 54.10 | 544 | 41 | 31 | 74 | 30 |
| 800 | 11.37 | 19.05 | 14.29 | 59.79 | 602 | 45 | 34 | 85 | 34 |
| 900 | 12.42 | 20.81 | 15.61 | 65.32 | 657 | 49 | 37 | 95 | 38 |
| 1 000 | 13.44 | 22.52 | 16.89 | 70.64 | 711 | 53 | 40 | 106 | 42 |
| 1 100 | 14.44 | 24.26 | 18.15 | 75.94 | 764 | 57 | 43 | 117 | 47 |
| 1 200 | 15.42 | 25.83 | 19.37 | 81.05 | 816 | 61 | 46 | 127 | 51 |
| 1 300 | 16.37 | 27.49 | 20.57 | 86.07 | 866 | 65 | 49 | 138 | 55 |
| 1 400 | 17.31 | 28.99 | 21.74 | 90.97 | 916 | 69 | 52 | 148 | 59 |

注：参照乳用种公牛的饲养标准。

## 附表 6 肉牛常用饲料的成分与营养价值

### (一)青绿饲料

| 编号 | 饲料名称 | 样品说明 | 干物质(%) | 粗蛋白(%) | 粗脂肪(%) | 粗纤维(%) | 无氮浸出物(%) | 粗灰分(%) | 钙(%) | 磷(%) | 消化能(MJ/kg) | 综合净能(MJ/kg) | 肉牛能量单位(RND/kg) |
|---|---|---|---|---|---|---|---|---|---|---|---|---|---|
| 2-01-610 | 大麦青割 | 北京,5月上旬 | 15.7 | 2.0 | 0.5 | 4.7 | 6.9 | 1.6 | – | – | 1.80 | 0.86 | 0.11 |
| | | | 100.0 | 12.7 | 3.2 | 29.9 | 43.9 | 10.2 | – | – | 11.45 | 5.48 | 0.68 |
| 2-01-072 | 甘薯藤 | 11省市,15样平均值 | 13.0 | 2.1 | 0.5 | 2.5 | 6.2 | 1.7 | 0.20 | 0.05 | 1.37 | 0.63 | 0.08 |
| | | | 100.0 | 16.2 | 3.8 | 19.2 | 47.7 | 13.1 | 1.54 | 0.38 | 10.55 | 4.85 | 0.60 |
| 2-01-632 | 黑麦草 | 北京,帕克意大利黑麦草 | 18.0 | 3.3 | 0.6 | 4.2 | 7.6 | 2.3 | 0.13 | 0.05 | 2.22 | 1.11 | 0.14 |
| | | | 100.0 | 18.3 | 3.3 | 23.3 | 42.2 | 12.8 | 0.72 | 0.28 | 12.33 | 6.17 | 0.76 |

续表

| 编号 | 饲料名称 | 样品说明 | 干物质 (%) | 粗蛋白 (%) | 粗脂肪 (%) | 粗纤维 (%) | 无氮浸出物(%) | 粗灰分 (%) | 钙 (%) | 磷 (%) | 消化能 (MJ/kg) | 综合净能 (MJ/kg) | 肉牛能量单位 (RND/kg) |
|---|---|---|---|---|---|---|---|---|---|---|---|---|---|
| 2-01-645 | 苜蓿 | 北京，盛花期 | 26.2 100 | 3.8 14.5 | 0.3 1.1 | 9.4 35.9 | 10.8 41.2 | 1.9 7.3 | 0.34 1.30 | 0.01 0.04 | 2.42 9.22 | 1.02 3.87 | 0.13 0.48 |
| 2-01-655 | 沙打旺 | 北京 | 14.9 100.0 | 3.5 23.5 | 0.5 3.4 | 2.3 15.4 | 6.6 44.3 | 2.0 13.4 | 0.20 1.34 | 0.05 0.34 | 1.75 11.76 | 0.85 5.56 | 0.10 0.70 |
| 2-01-664 | 象草 | 广东湛江 | 20.0 100.0 | 2.0 10.0 | 0.6 3.0 | 7.0 35.0 | 9.4 47.0 | 1.0 5.0 | 0.15 0.25 | 0.02 0.10 | 2.23 11.13 | 1.02 5.12 | 0.13 0.63 |
| 2-01-679 | 野青草 | 黑龙江 | 18.9 100.0 | 3.2 16.9 | 1.0 5.3 | 5.7 30.2 | 7.4 39.2 | 1.6 8.5 | 0.24 1.27 | 0.03 0.16 | 2.06 10.92 | 0.93 4.93 | 0.12 0.61 |
| 2-01-677 | 野青草 | 北京，狗尾巴草为主 | 25.3 100.0 | 1.7 6.7 | 0.7 2.8 | 7.1 28.1 | 13.3 52.6 | 2.5 9.9 | – – | 0.12 0.47 | 2.53 10.01 | 1.14 4.50 | 0.14 0.56 |
| 3-03-605 | 玉米青贮 | 4省市5样品平均值 | 22.7 100.0 | 1.6 7.0 | 0.6 2.6 | 6.9 30.4 | 11.6 51.1 | 2.0 8.8 | 0.10 0.44 | 0.06 0.26 | 2.25 9.90 | 1.00 4.40 | 0.12 0.54 |
| 3-03-025 | 玉米青贮 | 吉林双阳，收获后干贮 | 25.0 100.0 | 1.4 5.6 | 0.3 1.2 | 8.7 35.6 | 12.5 50.0 | 1.9 7.6 | 0.10 0.40 | 0.02 0.08 | 1.70 6.78 | 0.61 2.44 | 0.08 0.30 |
| 3-03-606 | 玉米大豆青贮 | 北京 | 21.8 100.0 | 2.1 9.6 | 0.5 2.3 | 6.9 31.7 | 8.1 37.6 | 4.1 18.8 | 0.15 0.69 | 0.06 0.28 | 2.20 10.09 | 1.05 4.82 | 0.13 0.60 |
| 3-03-601 | 冬大麦青贮 | 北京，7样品平均值 | 22.2 100.0 | 2.6 11.7 | 0.7 3.2 | 6.6 29.7 | 9.5 42.8 | 2.8 12.6 | 0.05 0.23 | 0.03 0.14 | 2.47 11.14 | 1.18 5.33 | 0.15 0.66 |
| 3-03-011 | 胡萝卜叶青贮 | 青海西宁，起苔 | 19.7 100.0 | 3.1 15.7 | 1.3 6.6 | 5.7 28.9 | 4.8 24.4 | 4.8 24.4 | 0.35 1.78 | 0.03 0.15 | 2.01 10.18 | 0.95 4.81 | 0.12 0.60 |
| 3-03-005 | 苜蓿青贮 | 青海西宁，盛花期 | 33.7 100.0 | 5.3 15.7 | 1.4 4.2 | 12.8 38.0 | 10.3 30.6 | 3.9 11.6 | 0.50 1.48 | 0.10 0.30 | 3.13 9.29 | 1.32 3.93 | 0.16 0.49 |
| 3-03-021 | 甘薯蔓青贮 | 上海 | 18.3 100.0 | 1.7 9.3 | 1.1 6.0 | 4.5 24.6 | 7.3 39.9 | 3.7 20.2 | – – | – – | 1.53 8.38 | 0.64 3.52 | 0.08 0.44 |
| 3-03-021 | 甜菜叶青贮 | 吉林 | 37.5 100.0 | 4.6 12.3 | 2.4 6.4 | 7.4 19.7 | 14.6 38.9 | 8.5 22.7 | 0.39 1.04 | 0.10 0.27 | 4.26 11.36 | 2.14 5.69 | 0.26 0.70 |

续表

### (二)块根、块茎、瓜果类饲料

| 编号 | 饲料名称 | 样品说明 | 干物质(%) | 粗蛋白(%) | 粗脂肪(%) | 粗纤维(%) | 无氮浸出物(%) | 粗灰分(%) | 钙(%) | 磷(%) | 消化能(MJ/kg) | 综合净能(MJ/kg) | 肉牛能量单位(RND/kg) |
|---|---|---|---|---|---|---|---|---|---|---|---|---|---|
| 4-04-601 | 甘薯 | 北京 | 24.6 / 100.0 | 1.1 / 4.5 | 0.2 / 0.8 | 0.8 / 3.3 | 21.2 / 86.3 | 1.3 / 5.3 | — / — | 0.07 / 0.28 | 3.70 / 15.05 | 2.07 / 8.43 | 0.26 / 1.04 |
| 4-04-200 | 甘薯 | 7省市8样品平均值 | 25.0 / 100.0 | 1.0 / 4.0 | 0.3 / 1.2 | 0.9 / 3.6 | 22.0 / 88.0 | 0.8 / 3.2 | 0.13 / 0.53 | 0.05 / 0.21 | 3.83 / 15.32 | 2.14 / 8.55 | 0.26 / 1.06 |
| 4-04-603 | 胡萝卜 | 张家口 | 9.3 / 100.0 | 0.8 / 8.6 | 0.2 / 2.2 | 0.8 / 8.6 | 6.8 / 73.1 | 0.7 / 7.5 | 0.05 / 0.54 | 0.03 / 0.32 | 1.45 / 15.60 | 0.82 / 8.87 | 0.10 / 1.10 |
| 4-04-208 | 胡萝卜 | 12省市13样品平均值 | 12.0 / 100.0 | 1.1 / 9.2 | 0.3 / 2.5 | 1.2 / 10.0 | 8.4 / 70.0 | 1.0 / 8.3 | 0.15 / 1.25 | 0.09 / 0.75 | 1.85 / 15.44 | 1.05 / 8.73 | 0.13 / 1.08 |
| 4-04-211 | 马铃薯 | 10省市10样品平均值 | 22.0 / 100.0 | 1.6 / 7.5 | 0.1 / 0.5 | 0.7 / 3.2 | 18.7 / 85.0 | 0.9 / 4.1 | 0.02 / 0.09 | 0.03 / 0.14 | 3.29 / 14.97 | 1.82 / 8.28 | 0.23 / 1.02 |
| 4-04-213 | 甜菜 | 8省市9样品平均值 | 15.0 / 100.0 | 2.0 / 13.3 | 0.4 / 2.7 | 1.7 / 11.3 | 9.1 / 60.7 | 1.8 / 12.0 | 0.06 / 0.40 | 0.04 / 0.27 | 1.94 / 12.93 | 1.01 / 6.71 | 0.12 / 0.83 |
| 4-04-611 | 甜菜丝干 | 北京 | 88.6 / 100.0 | 7.3 / 8.2 | 0.6 / 0.7 | 19.6 / 22.1 | 56.6 / 63.9 | 4.5 / 5.1 | 0.66 / 0.74 | 0.07 / 0.08 | 12.25 / 13.82 | 6.49 / 7.33 | 0.80 / 0.91 |
| 4-04-215 | 芜菁甘蓝 | 3省市5样品平均值 | 10.0 / 100.0 | 1.0 / 10.0 | 0.2 / 2.0 | 1.3 / 13.0 | 6.7 / 67.0 | 0.8 / 8.0 | 0.06 / 0.60 | 0.02 / 0.20 | 1.58 / 15.80 | 0.91 / 9.05 | 0.11 / 1.12 |

### (三)青干草类饲料

| 编号 | 饲料名称 | 样品说明 | 干物质(%) | 粗蛋白(%) | 粗脂肪(%) | 粗纤维(%) | 无氮浸出物(%) | 粗灰分(%) | 钙(%) | 磷(%) | 消化能(MJ/kg) | 综合净能(MJ/kg) | 肉牛能量单位(RND/kg) |
|---|---|---|---|---|---|---|---|---|---|---|---|---|---|
| 1-05-645 | 羊草 | 黑龙江,4样品平均值 | 1.6 / 100.0 | 7.4 / 8.1 | 3.6 / 3.9 | 29.4 / 32.1 | 46.6 / 50.9 | 4.6 / 5.0 | 0.37 / 0.40 | 0.18 / 0.20 | 8.78 / 9.59 | 3.70 / 4.04 | 0.46 / 0.50 |
| 1-05-622 | 苜蓿干草 | 北京,苏联苜蓿2号 | 92.4 / 100.0 | 16.8 / 18.2 | 1.3 / 1.4 | 29.5 / 31.9 | 34.5 / 37.3 | 10.3 / 11.1 | 1.95 / 2.11 | 0.28 / 0.30 | 9.79 / 10.59 | 4.51 / 4.89 | 0.56 / 0.60 |
| 1-05-625 | 苜蓿干草 | 北京,下等 | 88.7 / 100.0 | 11.6 / 13.1 | 1.2 / 1.4 | 43.3 / 48.8 | 25.0 / 28.2 | 7.6 / 8.6 | 1.24 / 1.40 | 0.39 / 0.44 | 7.67 / 8.64 | 3.13 / 3.53 | 0.39 / 0.44 |

续表

| 编号 | 饲料名称 | 样品说明 | 干物质(%) | 粗蛋白(%) | 粗脂肪(%) | 粗纤维(%) | 无氮浸出物(%) | 粗灰分(%) | 钙(%) | 磷(%) | 消化能(MJ/kg) | 综合净能(MJ/kg) | 肉牛能量单位(RND/kg) |
|---|---|---|---|---|---|---|---|---|---|---|---|---|---|
| 1-05-646 | 野干草 | 北京,秋白草 | 85.2<br>100.0 | 6.8<br>8.0 | 1.1<br>1.3 | 27.5<br>32.3 | 40.1<br>47.1 | 9.6<br>11.4 | 0.41<br>0.48 | 0.31<br>0.36 | 7.86<br>9.22 | 3.43<br>4.03 | 0.42<br>0.50 |
| 1-05-071 | 野干草 | 河北,野草 | 87.9<br>100.0 | 9.3<br>10.6 | 3.9<br>4.4 | 25.0<br>28.4 | 44.2<br>50.3 | 5.5<br>6.3 | 0.33<br>0.38 | –<br>– | 8.42<br>9.58 | 3.54<br>4.03 | 0.44<br>0.50 |
| 1-05-607 | 黑麦草 | 吉林 | 87.8<br>100.0 | 17.0<br>19.4 | 4.9<br>5.6 | 20.4<br>23.2 | 34.3<br>39.1 | 11.2<br>12.8 | 0.39<br>0.44 | 0.24<br>0.27 | 10.42<br>11.86 | 5.00<br>5.70 | 0.62<br>0.71 |
| 1-05-617 | 碱草 | 内蒙古,结实期 | 91.7<br>100.0 | 7.4<br>8.1 | 3.1<br>3.4 | 41.3<br>45.0 | 32.5<br>35.4 | 7.4<br>8.1 | –<br>– | –<br>– | 6.54<br>7.14 | 2.37<br>2.58 | 0.29<br>0.32 |
| 1-05-606 | 大米草 | 江苏,整株 | 83.2<br>100.0 | 12.8<br>15.4 | 2.7<br>3.2 | 30.3<br>36.5 | 25.4<br>30.5 | 12.0<br>14.4 | 0.42<br>0.50 | 0.02<br>0.02 | 7.65<br>9.19 | 3.29<br>3.95 | 0.41<br>0.49 |

(四)农副产品类饲料

| 编号 | 饲料名称 | 样品说明 | 干物质(%) | 粗蛋白(%) | 粗脂肪(%) | 粗纤维(%) | 无氮浸出物(%) | 粗灰分(%) | 钙(%) | 磷(%) | 消化能(MJ/kg) | 综合净能(MJ/kg) | 肉牛能量单位(RND/kg) |
|---|---|---|---|---|---|---|---|---|---|---|---|---|---|
| 1-06-062 | 玉米秸 | 辽宁,3样品平均值 | 90.0<br>100.0 | 5.9<br>6.6 | 0.9<br>1.0 | 24.9<br>27.7 | 50.2<br>55.8 | 8.1<br>9.0 | –<br>– | –<br>– | 5.83<br>6.48 | 2.53<br>2.81 | 0.31<br>0.35 |
| 1-06-622 | 小麦秸 | 新疆,墨西哥种 | 89.6<br>100.0 | 5.6<br>6.3 | 1.6<br>1.8 | 31.9<br>35.6 | 41.1<br>45.9 | 9.4<br>10.5 | 0.05<br>0.06 | 0.06<br>0.07 | 5.32<br>5.93 | 1.96<br>2.18 | 0.24<br>0.27 |
| 1-06-620 | 小麦秸 | 北京,冬小麦 | 43.5<br>100.0 | 4.4<br>10.1 | 0.6<br>1.4 | 15.7<br>36.1 | 18.1<br>41.6 | 4.7<br>10.8 | –<br>– | –<br>– | 2.54<br>5.85 | 0.91<br>2.10 | 0.11<br>0.26 |
| 1-06-009 | 稻草 | 浙江,晚稻 | 89.4<br>100.0 | 2.5<br>2.8 | 1.7<br>1.9 | 24.1<br>27.0 | 48.8<br>54.6 | 12.3<br>13.8 | 0.07<br>0.08 | 0.05<br>0.06 | 4.84<br>5.42 | 1.92<br>2.16 | 0.24<br>0.27 |
| 1-06-611 | 稻草 | 河南 | 90.3<br>100.0 | 6.2<br>6.9 | 1.0<br>1.3 | 27.0<br>29.9 | 37.3<br>41.3 | 18.6<br>20.6 | 0.56<br>0.62 | 0.17<br>0.19 | 4.64<br>5.17 | 1.79<br>1.99 | 0.22<br>0.25 |
| 1-06-615 | 谷草 | 黑龙江粟秸秆2样品平均值 | 90.7<br>100.0 | 4.5<br>5.0 | 1.2<br>1.3 | 32.6<br>35.9 | 44.2<br>48.7 | 8.2<br>9.0 | 0.34<br>0.37 | 0.03<br>0.03 | 6.33<br>6.98 | 2.71<br>2.99 | 0.34<br>0.37 |

续表

| 编号 | 饲料名称 | 样品说明 | 干物质(%) | 粗蛋白(%) | 粗脂肪(%) | 粗纤维(%) | 无氮浸出物(%) | 粗灰分(%) | 钙(%) | 磷(%) | 消化能(MJ/kg) | 综合净能(MJ/kg) | 肉牛能量单位(RND/kg) |
|---|---|---|---|---|---|---|---|---|---|---|---|---|---|
| 1-06-100 | 甘薯蔓 | 7省市31样品平均值 | 88.0 / 100.0 | 8.1 / 9.2 | 2.7 / 3.1 | 28.5 / 32.4 | 39.0 / 44.3 | 9.7 / 11.0 | 1.55 / 1.76 | 0.11 / 0.13 | 7.53 / 8.69 | 3.28 / 3.78 | 0.41 / 0.47 |
| 1-06-617 | 花生蔓 | 山东,伏花生 | 91.3 / 100.0 | 11.0 / 12.0 | 1.5 / 1.6 | 29.6 / 32.4 | 41.3 / 45.2 | 7.9 / 8.7 | 2.46 / 2.69 | 0.04 / 0.04 | 9.48 / 10.39 | 4.31 / 4.72 | 0.53 / 0.58 |

(五)谷实类饲料

| 编号 | 饲料名称 | 样品说明 | 干物质(%) | 粗蛋白(%) | 粗脂肪(%) | 粗纤维(%) | 无氮浸出物(%) | 粗灰分(%) | 钙(%) | 磷(%) | 消化能(MJ/kg) | 综合净能(MJ/kg) | 肉牛能量单位(RND/kg) |
|---|---|---|---|---|---|---|---|---|---|---|---|---|---|
| 4-07-263 | 玉米 | 23省市120样品平均值 | 88.4 / 100.0 | 8.6 / 9.7 | 3.5 / 4.4 | 2.0 / 2.3 | 72.9 / 82.5 | 1.4 / 1.6 | 0.08 / 0.09 | 0.21 / 0.24 | 14.47 / 16.36 | 8.06 / 9.12 | 1.00 / 1.13 |
| 4-07-194 | 玉米 | 北京,黄玉米 | 88.0 / 100.0 | 8.5 / 9.7 | 4.3 / 4.9 | 1.3 / 1.5 | 72.2 / 82.0 | 1.7 / 1.9 | 0.02 / 0.02 | 0.21 / 0.24 | 14.87 / 16.90 | 8.40 / 9.55 | 1.04 / 1.18 |
| 4-07-104 | 高粱 | 17省市38样品平均值 | 89.3 / 100.0 | 8.7 / 9.7 | 3.3 / 3.7 | 2.2 / 2.5 | 72.9 / 81.6 | 2.2 / 2.5 | 0.09 / 0.10 | 0.28 / 0.31 | 13.31 / 14.90 | 7.08 / 7.93 | 0.88 / 0.98 |
| 4-07-605 | 高粱 | 北京,红高粱 | 87.0 / 100.0 | 8.5 / 9.8 | 3.6 / 4.1 | 1.5 / 1.7 | 71.3 / 82.0 | 2.1 / 2.4 | 0.09 / 0.10 | 0.36 / 0.41 | 13.09 / 15.04 | 6.98 / 8.02 | 0.86 / 0.99 |
| 4-07-022 | 大麦 | 20省市49样品平均值 | 88.8 / 100.0 | 10.8 / 12.1 | 2.0 / 2.3 | 4.7 / 5.3 | 68.1 / 76.7 | 3.2 / 3.6 | 0.12 / 0.14 | 0.29 / 0.33 | 13.31 / 14.99 | 7.19 / 8.10 | 0.89 / 1.00 |
| 4-07-074 | 稻谷 | 9省市34样品籼稻平均值 | 90.6 / 100.0 | 8.3 / 9.2 | 1.5 / 1.7 | 8.5 / 9.4 | 67.5 / 74.5 | 4.8 / 5.3 | 0.13 / 0.14 | 0.28 / 0.31 | 13.00 / 14.35 | 6.98 / 7.71 | 0.86 / 0.95 |
| 4-07-188 | 燕麦 | 11省市17样品平均值 | 90.3 / 100.0 | 11.6 / 12.8 | 5.2 / 5.8 | 8.9 / 9.9 | 60.7 / 67.2 | 3.9 / 4.3 | 0.15 / 0.17 | 0.33 / 0.37 | 13.28 / 14.70 | 6.95 / 7.70 | 0.86 / 0.95 |
| 4-07-164 | 小麦 | 15省市28样品平均值 | 91.8 / 100.0 | 12.1 / 13.2 | 1.8 / 2.0 | 2.4 / 2.6 | 73.2 / 79.7 | 2.3 / 2.5 | 0.11 / 0.12 | 0.36 / 0.39 | 14.82 / 16.14 | 8.29 / 9.03 | 1.03 / 1.12 |

(六)糠麸类饲料

| 编号 | 饲料名称 | 样品说明 | 干物质(%) | 粗蛋白(%) | 粗脂肪(%) | 粗纤维(%) | 无氮浸出物(%) | 粗灰分(%) | 钙(%) | 磷(%) | 消化能(MJ/kg) | 综合净能(MJ/kg) | 肉牛能量单位(RND/kg) |
|---|---|---|---|---|---|---|---|---|---|---|---|---|---|
| 4-08-078 | 小麦麸 | 全国15样品平均值 | 88.6 / 100.0 | 14.4 / 16.3 | 3.7 / 4.2 | 9.2 / 10.4 | 56.2 / 63.4 | 5.1 / 5.8 | 0.18 / 0.20 | 0.78 / 0.88 | 11.37 / 13.24 | 5.86 / 6.61 | 0.73 / 0.82 |

续表

| 编号 | 饲料名称 | 样品说明 | 干物质(%) | 粗蛋白(%) | 粗脂肪(%) | 粗纤维(%) | 无氮浸出物(%) | 粗灰分(%) | 钙(%) | 磷(%) | 消化能(MJ/kg) | 综合净能(MJ/kg) | 肉牛能量单位(RND/kg) |
|---|---|---|---|---|---|---|---|---|---|---|---|---|---|
| 4-08-049 | 小麦麸 | 山东,39样品平均值 | 89.3<br>100.0 | 15.0<br>16.8 | 3.2<br>3.6 | 10.3<br>11.5 | 55.4<br>62.0 | 5.4<br>6.0 | 0.14<br>0.16 | 0.54<br>0.60 | 11.47<br>12.84 | 5.66<br>6.33 | 0.70<br>0.78 |
| 4-08-094 | 玉米皮 | 北京 | 87.9<br>100.0 | 10.17<br>11.5 | 4.9<br>5.6 | 13.8<br>15.7 | 57.0<br>64.8 | 2.1<br>2.4 | —<br>— | —<br>— | 10.12<br>11.54 | 4.59<br>5.22 | 0.57<br>0.65 |
| 4-08-030 | 米糠 | 4省市13样品平均值 | 90.2<br>100.0 | 12.1<br>13.4 | 15.5<br>17.2 | 9.2<br>10.2 | 43.3<br>48.0 | 10.1<br>11.2 | 0.14<br>0.16 | 1.04<br>1.15 | 13.93<br>15.44 | 7.22<br>8.00 | 0.89<br>0.99 |
| 4-08-016 | 高粱糠 | 2省市8样品平均值 | 91.1<br>100.0 | 9.6<br>10.5 | 9.1<br>10.0 | 4.0<br>4.4 | 63.5<br>69.7 | 4.9<br>5.4 | 0.07<br>0.08 | 0.81<br>0.89 | 14.02<br>15.40 | 7.40<br>8.13 | 0.92<br>1.01 |
| 4-08-603 | 黄面粉 | 北京,土面粉 | 87.2<br>100.0 | 9.5<br>10.9 | 0.7<br>0.8 | 1.3<br>1.5 | 74.3<br>85.2 | 1.4<br>1.6 | 0.08<br>0.09 | 0.44<br>0.50 | 14.24<br>16.33 | 8.08<br>9.26 | 1.00<br>1.15 |
| 4-08-001 | 大豆皮 | 北京 | 91.0<br>100.0 | 18.8<br>20.7 | 2.6<br>2.9 | 25.4<br>27.6 | 39.4<br>43.3 | 5.1<br>5.6 | —<br>— | 0.35<br>0.38 | 11.25<br>12.36 | 5.40<br>5.94 | 0.67<br>0.74 |

(七)饼粕类饲料

| 编号 | 饲料名称 | 样品说明 | 干物质(%) | 粗蛋白(%) | 粗脂肪(%) | 粗纤维(%) | 无氮浸出物(%) | 粗灰分(%) | 钙(%) | 磷(%) | 消化能(MJ/kg) | 综合净能(MJ/kg) | 肉牛能量单位(RND/kg) |
|---|---|---|---|---|---|---|---|---|---|---|---|---|---|
| 5-10-043 | 豆饼 | 13省市,机榨42样品平均值 | 90.6<br>100.0 | 43.0<br>47.5 | 5.4<br>6.0 | 5.7<br>6.3 | 30.6<br>33.8 | 5.9<br>6.5 | 0.32<br>0.35 | 0.50<br>0.55 | 14.31<br>15.80 | 7.41<br>8.17 | 0.92<br>1.01 |
| 5-10-602 | 豆饼 | 四川,溶剂法 | 89.0<br>100.0 | 45.8<br>51.2 | 0.9<br>1.0 | 6.0<br>6.7 | 30.5<br>34.3 | 5.8<br>6.5 | 0.32<br>0.36 | 0.67<br>0.75 | 13.48<br>15.15 | 6.97<br>7.83 | 0.86<br>0.97 |
| 5-10-022 | 菜籽饼 | 13省市21样品平均值 | 92.2<br>100.0 | 36.4<br>39.5 | 7.8<br>8.5 | 10.7<br>11.6 | 29.3<br>31.3 | 8.0<br>8.7 | 0.73<br>0.79 | 0.95<br>1.03 | 13.52<br>14.66 | 6.77<br>7.35 | 0.84<br>0.91 |
| 5-10-062 | 胡麻饼 | 8省市,机榨11样品平均值 | 92.0<br>100.0 | 33.1<br>36.0 | 7.5<br>8.2 | 9.8<br>10.7 | 34.0<br>37.0 | 7.6<br>8.3 | 0.58<br>0.63 | 0.77<br>0.84 | 13.76<br>14.95 | 7.01<br>7.62 | 0.87<br>0.94 |

续表

| 编号 | 饲料名称 | 样品说明 | 干物质(%) | 粗蛋白(%) | 粗脂肪(%) | 粗纤维(%) | 无氮浸出物(%) | 粗灰分(%) | 钙(%) | 磷(%) | 消化能(MJ/kg) | 综合净能(MJ/kg) | 肉牛能量单位(RND/kg) |
|---|---|---|---|---|---|---|---|---|---|---|---|---|---|
| 5-10-075 | 花生饼 | 9省市，机榨34样品平均值 | 89.9<br>100.0 | 46.4<br>51.6 | 6.6<br>7.3 | 5.8<br>6.5 | 25.7<br>28.6 | 5.4<br>6.0 | 0.24<br>0.27 | 0.52<br>0.58 | 14.44<br>16.06 | 7.41<br>8.24 | 0.92<br>1.02 |
| 5-10-610 | 棉籽饼 | 上海，去壳浸2样品平均值 | 88.3<br>100.0 | 39.4<br>44.6 | 2.1<br>2.4 | 10.4<br>11.8 | 29.1<br>33.0 | 7.3<br>8.3 | 0.23<br>0.26 | 2.01<br>2.28 | 12.05<br>13.65 | 5.95<br>6.74 | 0.74<br>0.83 |
| 5-10-612 | 棉籽饼 | 4省市，机榨6样品平均值 | 89.6<br>100.0 | 32.5<br>36.3 | 5.7<br>6.4 | 10.7<br>11.9 | 34.5<br>38.5 | 6.2<br>6.9 | 0.27<br>0.30 | 0.81<br>0.90 | 13.11<br>14.63 | 6.62<br>7.39 | 0.82<br>0.92 |
| 5-10-110 | 向日葵饼 | 北京，去壳浸提 | 92.6<br>100.0 | 46.1<br>49.8 | 2.4<br>2.6 | 11.8<br>12.7 | 25.5<br>27.5 | 6.8<br>7.4 | 0.53<br>0.57 | 0.35<br>0.38 | 10.97<br>11.84 | 4.93<br>5.32 | 0.61<br>0.66 |

(八)糟渣类饲料

| 编号 | 饲料名称 | 样品说明 | 干物质(%) | 粗蛋白(%) | 粗脂肪(%) | 粗纤维(%) | 无氮浸出物(%) | 粗灰分(%) | 钙(%) | 磷(%) | 消化能(MJ/kg) | 综合净能(MJ/kg) | 肉牛能量单位(RND/kg) |
|---|---|---|---|---|---|---|---|---|---|---|---|---|---|
| 5-11-103 | 酒糟 | 吉林，高粱酒糟 | 37.7<br>100.0 | 9.3<br>24.7 | 4.2<br>11.1 | 3.4<br>9.0 | 17.6<br>46.7 | 3.2<br>8.5 | —<br>— | —<br>— | 5.83<br>15.46 | 3.03<br>8.05 | 0.38<br>1.00 |
| 4-11-092 | 酒糟 | 贵州，玉米酒糟 | 21.0<br>100.0 | 4.0<br>19.0 | 2.2<br>10.5 | 2.3<br>11.0 | 11.7<br>55.7 | 0.8<br>3.4 | —<br>— | —<br>— | 2.69<br>12.89 | 1.25<br>5.94 | 0.15<br>0.73 |
| 4-11-058 | 粉渣 | 玉米粉渣,6省市7样品平均值 | 15.0<br>100.0 | 2.8<br>12.0 | 0.7<br>4.7 | 1.4<br>9.3 | 10.7<br>71.3 | 0.4<br>2.7 | 0.02<br>0.13 | 0.02<br>0.13 | 2.41<br>16.1 | 1.33<br>8.86 | 0.16<br>1.10 |
| 4-11-069 | 粉渣 | 马铃薯粉渣,3省3样品平均值 | 15.0<br>100.0 | 1.0<br>6.7 | 0.4<br>2.7 | 1.3<br>8.7 | 11.7<br>78.0 | 0.6<br>4.0 | 0.06<br>0.40 | 0.04<br>0.27 | 1.90<br>12.67 | 0.94<br>6.29 | 0.12<br>0.78 |
| 5-11-607 | 啤酒糟 | 2省3样品平均值 | 23.4<br>100.0 | 6.8<br>29.1 | 1.9<br>8.1 | 3.9<br>16.7 | 9.5<br>40.6 | 1.3<br>5.6 | 0.09<br>0.38 | 0.18<br>0.77 | 2.98<br>12.27 | 1.38<br>5.91 | 0.17<br>0.73 |

附　表

续表

| 编号 | 饲料名称 | 样品说明 | 干物质(%) | 粗蛋白(%) | 粗脂肪(%) | 粗纤维(%) | 无氮浸出物(%) | 粗灰分(%) | 钙(%) | 磷(%) | 消化能(MJ/kg) | 综合净能(MJ/kg) | 肉牛能量单位(RND/kg) |
|---|---|---|---|---|---|---|---|---|---|---|---|---|---|
| 1-11-609 | 甜菜渣 | 黑龙江 | 8.4 / 100.0 | 0.9 / 10.7 | 0.1 / 1.2 | 2.6 / 31.0 | 3.4 / 40.5 | 1.4 / 16.7 | 0.08 / 0.95 | 0.05 / 0.60 | 1.00 / 11.92 | 0.52 / 6.17 | 0.06 / 0.76 |
| 1-11-602 | 豆腐渣 | 2省市,4样品平均值 | 11.0 / 100.0 | 3.3 / 30.0 | 0.8 / 7.3 | 2.1 / 19.1 | 4.4 / 40.0 | 0.4 / 3.6 | 0.05 / 0.45 | 0.03 / 0.27 | 1.77 / 16.09 | 0.93 / 8.49 | 0.12 / 1.05 |
| 5-11-080 | 酱油渣 | 宁夏银川,豆饼3份,麸皮2份 | 24.3 / 100.0 | 7.1 / 29.2 | 4.5 / 18.5 | 3.3 / 13.6 | 7.9 / 32.5 | 1.5 / 6.2 | 0.11 / 0.45 | 0.03 / 0.12 | 3.62 / 14.89 | 1.73 / 7.14 | 0.21 / 0.88 |

(九)矿物质类饲料

| 编号 | 饲料名称 | 样品说明 | 干物质(%) | 钙(%) | 磷(%) |
|---|---|---|---|---|---|
| 6-14-034 | 磷酸氢钙 | 四川 | 风干 | 23.20 | 18.60 |
| 6-14-001 | 白云石 | 北京 | | 21.16 | 0 |
| 6-14-032 | 磷酸钙 | 北京、脱氟 | - | 27.91 | 14.38 |
| 6-14-035 | 磷酸氢钙 | 云南、脱氟 | 99.8 | 21.85 | 8.64 |
| 6-14-037 | 马牙石 | 云南昆明 | 风干 | 38.38 | 0 |
| 6-14-038 | 石粉 | 河南南阳、白色 | 97.1 | 39.49 | - |
| 6-14-039 | 石粉 | 河南大理石、灰色 | 99.1 | 32.54 | - |
| 6-14-040 | 石粉 | 广东 | 风干 | 42.12 | 微 |
| 6-14-041 | 石粉 | 广东 | 风干 | 55.67 | 0.11 |
| 6-14-042 | 石粉 | 云南昆明 | 92.1 | 33.98 | 0 |
| 6-14-044 | 石灰石 | 吉林 | 99.7 | 32.00 | - |
| 6-14-045 | 石灰石 | 吉林九台 | 99.9 | 24.48 | - |
| 6-14-046 | 碳酸钙 | 浙江湖州、轻质碳酸钙 | 99.1 | 35.19 | 0.14 |

# 参考文献

［1］［英］A. H. Andrews，R. W. Blowey，H. Boyd，R. G. Eddy. 牛病学－－疾病与管理. 2 版［M］. 韩博，苏敬良，吴培福，王九峰 译. 北京：中国农业大学出版社，2006.

［2］张卫宪. 当代养牛与牛病防治技术大全［M］. 北京：中国农业科学技术出版社，2006.

［3］李凯伦，李鹏，王萍. 牛羊疫病免疫诊断技术［M］. 北京：中国农业大学出版社，2006.

［4］廖党金. 牛羊病看图防治［M］. 成都：四川科学技术出版社，2004.

［5］蔡宝祥. 家畜传染病学. 4 版［M］. 北京：中国农业出版社，2001.

［6］陈溥言. 兽医传染病学. 5 版［M］. 北京：中国农业出版社，2006.

［7］廖党金，黄兵. 中国畜禽线虫形态分类彩色图谱［M］. 北京：科学出版社，2016.

［8］国家畜禽遗传资源委员会. 中国畜禽遗传资源志·牛志［M］. 北京：中国农业出版社，2011.